0种全新的唯美蛋糕装饰设计

翻糖蕾丝蛋糕

［英］佐伊·克拉克　著
朱迪　译

中国纺织出版社

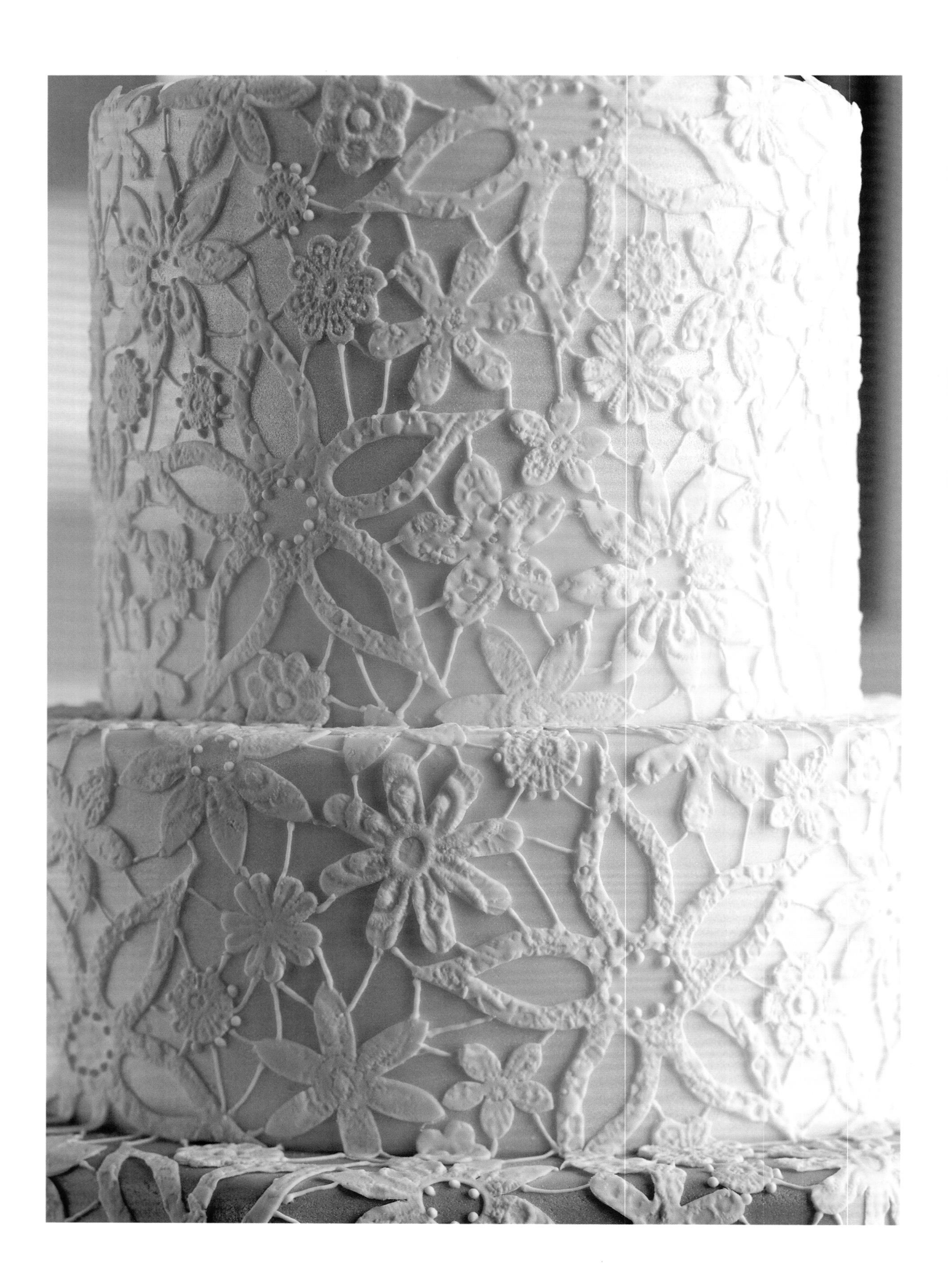

目录

前言

在过去的5～10年里，蕾丝在时尚领域中产生了巨大的影响，特别是在婚礼服饰及相关行业里的影响更为显著。这一趋势因受到当今流行的复古潮流的影响而愈演愈烈，因此将蕾丝装饰运用于蛋糕的制作便应运而生。一些熟悉我作品的读者也一定知道我对蕾丝婚纱的着迷和喜爱，因此本书中大部分作品的灵感都来自漂亮的婚纱礼服。不仅如此，如今蕾丝在整个服装服饰行业的踪影随处可见，从上衣到裤子，再到鞋履和围巾，到处都能看到蕾丝的痕迹。蕾丝图案也格外受到文具商和美术设计者的喜爱，也常常被用于婚礼邀请函的设计和制作。

传统的蕾丝蛋糕设计可以追溯到19世纪末期，当时的蛋糕师在制作婚礼蛋糕时，会将蛋糕上的蛋白糖霜装饰部分加以特别的设计和精心制作，使之成为整个蛋糕中最引人注目的部分。整个装饰制作工艺需要很高的技巧和耐心。如今，随着糖霜制作工艺水平的不断发展，各类新式装饰产品和原材料不断涌现，借助各种制作技巧、工具和材料，我们可以很方便和快捷地将各种蕾丝图案运用到蛋糕的装饰制作中。常用的技巧和工具包括糖霜贴花工艺、刷绣工艺、模具和模板的运用以及蛋白糖霜的使用方法和最新的糖蕾丝制作技巧。当今的蕾丝风格更加具有时代性，通常带有充满质感的纹理或借助贴花工艺而赋予蕾丝独特的优雅格调。

在本书中，我将与读者分享我所喜爱的一些蛋糕装饰方法和技巧来创作和复制出当下所流行的蕾丝作品，所涉及的内容涵盖了一系列的蕾丝蛋糕的制作方法，并且可以将这些方法和技巧运用到读者今后自己的创作中。我强烈建议读者应首先阅读本书的前半部分，其内容为主要的蕾丝制作技巧。初学者也可以首先阅读本书的最后一部分，以便可以了解蛋糕烘焙和装饰的基本技巧，同时书后还附有美味蛋糕、饼干和迷你蛋糕的配方和制作技巧。

书中的12个蛋糕装饰实例是以初级到中级水平的读者为主要对象的，其中有2 ~ 3个蛋白糖霜蛋糕的制作方法和技巧稍有难度。每个实例中都附有一个较为简易的作品的制作及装饰方法，以便可以为想节约时间或者简化制作过程的读者提供一个可以替代的选择。请注意，制作时可以根据自己的需要缩小蛋糕的制作尺寸和减少蛋糕的制作层数。在本书“蛋糕的配方和制作技巧”一节里提供了如何根据实际需要来决定所制作蛋糕的尺寸供读者参考。

本书出版的目的绝不仅限于让读者准确地复制出书中的每一款蕾丝蛋糕，我们更希望本书能为广大的读者带来制作上的灵感，并且可以由此创作出具有个人风格的独特蕾丝装饰效果的蛋糕作品。这些独特的作品无疑带有作者自己想要的特殊纹理和蕾丝风格，或者是按照个人喜好而创作出的出色的蕾丝蛋糕作品。

最后希望你们都能喜欢并享受蕾丝蛋糕的制作！

基本工具和用具

以下清单包含了本书中蛋糕制作所需要的基本用具，还有一些随手可得的小工具。制作出精美蕾丝效果的方法有很多种，此处我只列出了我所喜欢使用的一些工具和基本用具。除了这些基本的工具和用具以外，你还会在每个实例制作的开始部分“所需工具”项目下看到所需要的额外的工具。

烘焙部分

烤盘模具类

- **蛋糕模**
- **纸杯蛋糕或马芬蛋糕模具**
- **饼干烤盘**
- **蛋糕冷却架**

常用工具

- **电动搅拌器** 用于制作蛋糕、搅打奶油奶酪和蛋白糖霜
- **厨房电子称** 用于原材料的称量
- **量勺** 用于量取少量原材料
- **搅拌盆** 用于原料的混合
- **橡皮刮刀** 用于轻柔的搅拌原料
- **防油纸或者烘焙纸（羊皮纸）** 垫在蛋糕模里以及临时放置糖霜
- **食品塑料膜（保鲜膜）** 用于包裹糖霜和饼干面团以防止风干
- **大号防粘擀板** 用于擀制糖霜（也可以在普通擀板上撒糖粉防粘）
- **防滑垫** 放于擀板下面以防止擀板在使用时移动
- **软毛刷** 用于在蛋糕表面涂抹糖浆、杏子果酱以及果冻等
- **锋利的小刀或者手术刀** 用于糖霜的切割和塑形
- **大小不等的锯齿刀** 用于蛋糕的切割和塑形
- **蛋糕分层切割器** 用于海绵蛋糕的水平分层切割
- **大小不等的蛋糕抹刀** 用于奶油奶酪和巧克力酱的涂抹
- **糖霜分割器** 在糖霜和杏仁蛋白糖霜表面滚压得到所需厚度的糖霜
- **糖霜抹平器** 用于抹平糖霜
- **水平仪** 用于检查蛋糕表面的水平状况
- **蛋糕刮板** 用于奶油奶酪、巧克力酱以及蛋白糖霜表面的刮平，使用方法与蛋糕抹刀相似

其他创意工具和原料

- **大小不等的防粘擀棒** 用于擀制糖霜和杏仁蛋白糖霜
- **蛋糕裱花转台** 用于蛋糕分层等用途
- **双面胶带** 用于在蛋糕表面和蛋糕底盘上固定装饰丝带
- **取食签（牙签）或小木棒** 用于翻糖表面细节的固定
- **食用胶** 用于糖霜之间的粘合
- **可食用画笔** 用于在翻糖表面做标记
- **蛋糕顶部标记模板** 用于蛋糕中心位置和支撑棒的定位
- **食用酒精** 用于溶解食用色粉以及做糖霜和杏仁蛋白糖霜的黏合剂
- **植物白油** 用于操作台面、擀棒和模具的润滑

蕾丝制作工具

切模类

- **花形切模** 用于将干佩斯切出不同形状的装饰花朵和花瓣
- **孔状切模** 用于将擀制好的干佩斯切出花瓣和做出小孔效果
- **滚轮切刀** 用于干佩斯边缘和细节的切割修饰
- **切条器** 用于将干佩斯切出细条状的装饰物，例如藤蔓
- **裱花嘴（尖嘴）** 不同规格的裱花嘴用于在干佩斯上切出小的装饰孔以及与裱花袋配合挤花用
- **糯米纸压花模** 用于在糯米纸上压出花朵图案和其他各种形状图案

装饰部分工具

- **印模** 可以快速简便地为蛋糕和饼干上做出具有复杂细节图案的装饰（参见P18“模板印花法”）
- **球状工具** 和泡沫垫一起使用可以为干佩斯做出细微的压痕，例如可以做出杯状凹陷的花瓣。
- **褶边工具** 可以将物体边缘处理成褶皱和柔软的效果
- **德累斯顿工具** 可以将糖霜做出褶皱纹理
- **软毛刷** 涂刷亮粉以及将挤出的蛋白糖霜表面处理光滑

模具和垫子

- **花朵压模** 可以快速地刻画出植物细节和花朵纹理（参见P10“模具”）
- **蕾丝模具** 用于蕾丝细节的刻画；可以部分或全部使用本书中的蕾丝设计（参见P10“模具”）
- **塑料保鲜袋** 与模板一起使用进行挤花操作以及存储糖霜
- **蕾丝模** 与蕾丝粉一起使用可以做出面积较大的糖蕾丝，可用于覆盖装饰较大面积的蛋糕表面，常用的蕾丝模品牌有SugarVeil、Claire Bowman、Crystal Candy等

蕾丝制作技巧

糖花膏简介

为了使制作的翻糖装饰蕾丝作品更加精美和逼真，本书中使用糖花膏（干佩斯）作为蕾丝贴花的基本原料进行制作。糖花膏的特点是可以擀制得非常薄。一些市售的品牌翻糖也可以使用，因其质地也足够硬实。也可以将糖花膏和品牌翻糖混合使用，不过需要先测试一下混合后的膏体的软硬度，根据需要调整配比用量。

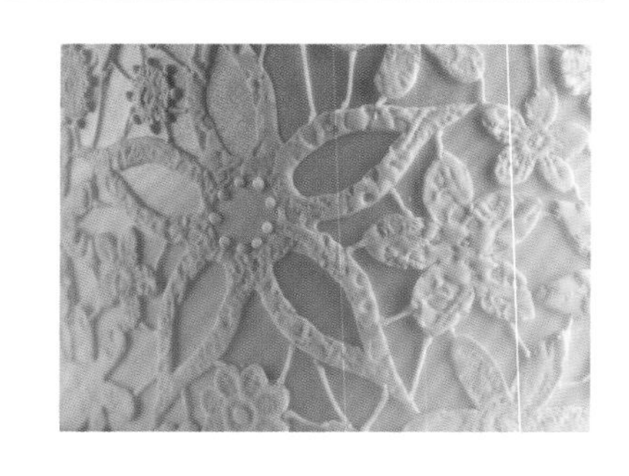

贴花

运用糖花膏制作翻糖装饰蕾丝的最简便的技法是使用剪切好的糖花膏花朵图案装饰蛋糕，可以将花朵随意粘贴在蛋糕上，做出花朵重叠和相连的装饰效果。这种技法在本书中P88“华丽的大花镂空蕾丝风格”蛋糕的制作中有所体现，在镂空蕾丝花朵之间使用了蛋白糖霜挤花技巧将蕾丝连成为一个装饰整体（参见P14“传统的挤花技巧”）。糖花膏擀制得越薄，做出的蕾丝就越精美。

制作时可以使用不同的工具做出花朵的纹理和形状，例如使用德累斯顿工具、球状工具和脉络工具等。也可以在做出花朵形状后使用纹理压模、模具和压花模等工具做进一步的修饰。各种工具的运用在本书中的制作实例中都有详细的步骤讲解。

条状切模

各种花边、褶边和条状切模可以做出不同的装饰蛋糕用花边。根据不同的蛋糕设计，这些装饰花边可以广泛的用在蛋糕中心、顶端和底部。月牙边切模是用途最广的蕾丝切模，相同形状的蕾丝花边在很多蕾丝作品中也均有使用，特别是在结婚礼服上会经常用到。

使用糖花膏制作蕾丝花边时，可以将糖花膏压入蕾丝模具中（参见P10“模具”），也可以将中性打发的蛋白糖霜通过挤花的方式挤在蕾丝花边的顶端，用这种方法可以做出清晰有趣的蕾丝花边（参见P120“蛋白糖霜配方”）。本书中P62“小花朵激光蕾丝风格”和P61“刺绣迷你蛋糕”的实例制作中均采用了后一种方法。

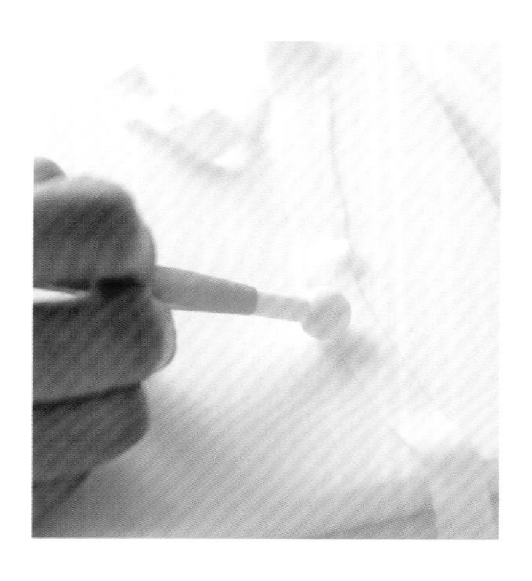

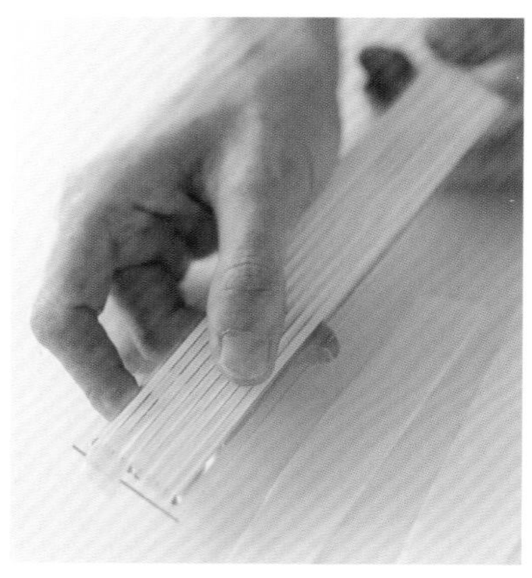

模具

硅胶蕾丝模具绝对是蕾丝制作工具箱里的必备工具，特别是如果不使用挤花的方式制作蕾丝，硅胶模具则是制作出精美的翻糖装饰蕾丝不可或缺的工具。硅胶模具在使用时看似简单，实际上需要掌握正确的使用方法，否则也不可能做出优雅而精美的作品。模具的使用详见本书P44“爱之设计”和P88“华丽的大花镂空蕾丝风格”蛋糕的制作实例。

模具的选用

硅胶模具的价格较高，因此可以根据个人喜好优先购买自己最想要的模具，最好是一物多用的模具，例如包含一些基本花朵图案的面积较大的模具，这些模具同时也可以作为纹理压模使用。模具的质量和材质也非常重要。此处推荐购买具有精致的图案设计、细节设计非常到位的模具，同时模具最好具有较浅的深度，这样的模具做出的蕾丝通常较为精致。

模具的使用

本书中在使用模具时大多使用糖花膏（干佩斯），糖花膏跟翻糖相比更为硬实。不过在制作贴花蕾丝时，也可以尝试使用市售的翻糖。读者可以按照下述简单的步骤，用模具做出效果最好的翻糖装饰蕾丝。

1．在模具上刷少许的珠光粉或者哑光粉以防糖花膏和模具相互粘连。也可以使用植物白油，根据所需达到的效果和设计的颜色来选用。

2．首先将糖花膏薄薄的铺开一层，放置片刻使其略微干燥，降低黏度。在制作过程中，如果将糖膏片不经放置直接按压入模具中，常常导致糖膏片与模具粘连在一起。几分钟后，将静置的糖膏片放入模具，同时在糖膏表面再次涂刷防粘粉。如果不想浪费更多的亮粉，可以使用淀粉替代。

3．用力按压模具顶端。通常建议在制作第一个压花作品时要格外注意使用力度，以保证糖膏片可以顺利脱模。

4．撕去模具四周多余的糖膏片。如果模具没有清晰的边缘，可以将压好的翻糖蕾丝取出，然后再按照需要的形状做修剪。

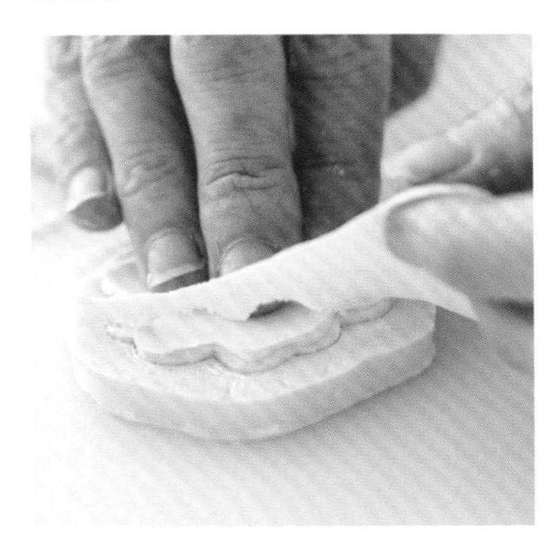

5．将翻糖蕾丝小心的从模具中取出。如果感觉粘连，可以轻轻搓一下蕾丝表面以便脱模，注意不可用力撕拉。如果对做出的翻糖装饰糖蕾丝不满意，可以将模具涂刷防粘粉后，把糖花膏重复上述操作重新压入模具中即可。如果糖膏有少许延展变形，可以用手稍作整理。压好后小心取出翻糖蕾丝。

6．随着制作的进行，擀好的糖膏片会变得有些干燥，这时在压模后会有利于压花和脱模。不过糖膏片不可过于干燥，可以使用塑料保鲜袋将糖膏片放入防止变干。建议在使用模具制作翻糖蕾丝时，尽量多准备一些糖花膏，并且由外向里使用膏体。另外每次从压模上修剪掉的糖膏边角料会很容易变干，通常不能被再次利用。

使用蛋白糖霜装饰蕾丝蛋糕

以蛋白糖霜为原料创作的具有线缝和刺绣效果的装饰蕾丝作品是一种非常传统的装饰品，制作时通常需要有极大的耐心和热情。在本书中也尝试使用了这两种工艺，并且将制作过程尽可能简化，以便使大多数读者可以轻松完成这种精美的挤花线缝和蕾丝刺绣作品。具体操作请参加本书末的“装饰技巧”章节中关于蛋白糖霜的配方，以及如何自制裱花袋和蛋白糖霜的挤花技巧。

模板的使用

在着手使用模板之前，首先确定装饰图案的样式和风格以及在蛋糕上的具体放置位置。总体设计风格确定之后，可以采用下述两种方法将图案转印在蛋糕所需的位置上。

铅笔描画法

在进行铅笔描画转印之前，首先要将贴合糖皮的蛋糕静置干燥至少8小时，以防止在转印时造成糖皮塌陷、铅笔线条模糊不清而影响整个描画效果。另外在将图案转印到蛋糕上时，蛋糕上所印出的图案跟实际图案相比是反方向的。如果需要在蛋糕上描画出跟实际方向完全一致的图案，请将带有图案的防油纸反转后再次转印使用。

1. 用铅笔将所需图案描画在防油纸上（参见P123“模板”），描画时使用软硬适中的铅笔。将描画好的防油纸有图案的一面贴在蛋糕糖皮上所需描画的位置，并用小花钉固定。

2. 用铅笔沿着图案轮廓轻轻描画一遍，可以使铅笔图案印在蛋糕糖皮上。也可以用针沿着图案轻戳，在糖皮表面做出针孔图案。注意操作时不可太过用力，也不要弄脏铅笔痕迹。针刺时只需沿着图案稍作一些记号，针孔不用太过密集。将描画完成的部分防油纸卷起可以查看糖皮上的描线效果。描画完成后，用潮湿的画笔蘸水轻轻扫除糖皮表面多余的铅笔痕迹。

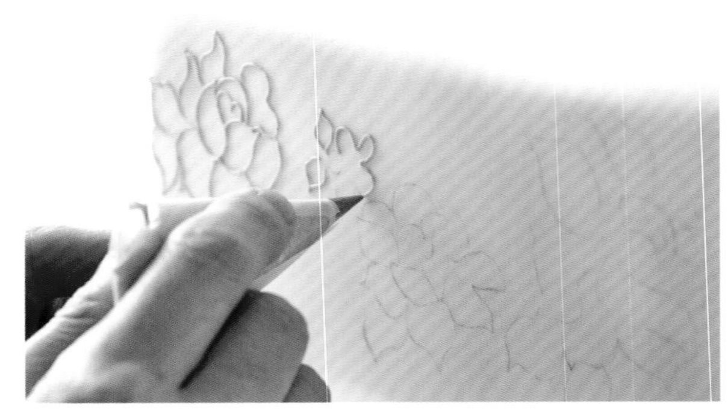

压花印花法

另一种在蛋糕上印花的方式是压花印花法。将事先设计好的蕾丝图案用挤花的方式挤画在一块干净的塑料薄板上，然后将薄板有蕾丝图案的一面按压在蛋糕糖皮上进行压花。需要注意的是用来做糖皮的翻糖不能太干硬，以便蕾丝图案可以清晰的印在糖皮上。应尽量在蛋糕糖皮贴合完成后就尽快进行压花操作。也可以使用布蕾丝直接按压在蛋糕糖皮表面进行印花，例如使用“粗线蕾丝”直接进行糖皮印花（参见P86“优美的浮雕蕾丝杯子蛋糕”）。

1. 将透明塑料薄板放在选定的蕾丝模板上，在裱花袋中放入湿性打发的蛋白糖霜，使用1号尖头裱花嘴按模板描出蕾丝图案。描画完成后的塑料薄板静置几小时，直至蛋白糖霜蕾丝图案完全干透。

2. 仔细地将透明薄板按压在糖皮所需要的部位进行压花。第一次操作时推荐先在糖皮上进行试验，根据压花的效果得到压花时所需的合适按压力度。

传统的挤花技巧

挤花蕾丝工艺是一种非常传统的蛋糕装饰技法。据有关文献记载，最早的蛋白糖霜挤花蕾丝出现在17世纪。到了19世纪末期，挤花蕾丝已经成为当时的蛋糕烘焙师最常采用的结婚蛋糕装饰方式。挤花蕾丝的制作需要极大的耐心、大量的技巧以及正确的挤花技巧，最终的装饰效果也往往也是令人难忘的。

将透明人造丝织物或者透明纸张放在带有蕾丝图案的模板上，通常是一些常用的蕾丝图案和设计花样，然后用挤花的方式将蕾丝图案描画出来。将完成的蕾丝作品完全晾干后取下，固定在蛋糕所需要的位置上。如图所示，在P94“蛋白糖霜蝴蝶花园风格”蛋糕上的蝴蝶和雏菊蕾丝图案，就是采用了这种方法制作。其中蛋白糖霜线条的描画应尽可能的准确，以便画出的图案呈现

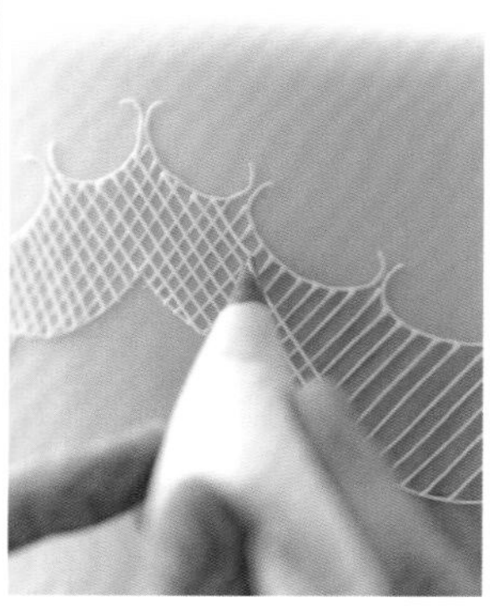

出干净、精巧的视觉效果。制作时可以在手边准备一只湿润的小画笔，可以随时将糖霜线条整理到位。

制作时也可以直接将蛋白糖霜小心地挤在蛋糕糖皮表面上。常见的蕾丝图案包括各种花朵图案、点线图案、鸢尾花图案以及卷轴装饰图案等。另外帷幕垂花样式、贝壳扇形图案、掐丝装饰图案以及交叉网格装饰图案也是常用的蕾丝装饰设计方案，这些设计在P36“汉娜雏菊蕾丝风格”蛋糕和P44“爱之设计”蛋糕中有所体现。

毛糙的挤花技巧

运用挤花的方法将蛋白糖霜挤出可以很容易的做出蕾丝刺绣的效果。仔细观察蕾丝作品可以看到真正的蕾丝刺绣线条并不是十分顺滑的，刺绣线条通常有很多不整齐的小针脚，因此线条呈现出毛糙和粗糙纹理。使用蛋白糖霜可以很容易地达到毛糙的刺绣效果。

为了达到理想的刺绣效果，在操作时应使用新鲜的湿性打发的蛋白糖霜和微型裱花嘴（尖头），通常是0号裱花嘴。如果想做出更粗糙的效果，可以使用稍大号的裱花嘴。实际操作时将裱花嘴沿着线条痕迹紧贴着糖皮挤花，也可以沿着线条痕迹以点画的方式挤出蛋白糖霜。如果需要暂停后继续描画，只需将线条接合后继续挤出即可。毛糙的线条可以方便地掩盖线段之间的接口。

在线条和图案空白处之间采用“之”字形的挤花方式可以有效地做出蕾丝刺绣针脚的效果。注意操作时裱花嘴应尽量贴近糖皮表面，甚至可以轻触到糖皮表面进行挤花。最后需要注意的是，操作时尽量保持轻松。

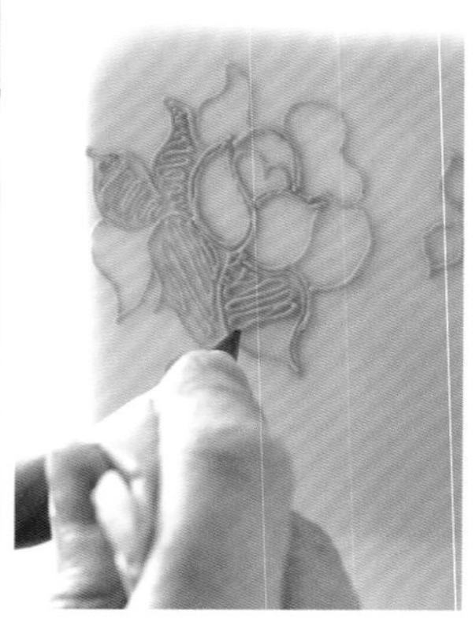

刷绣的使用

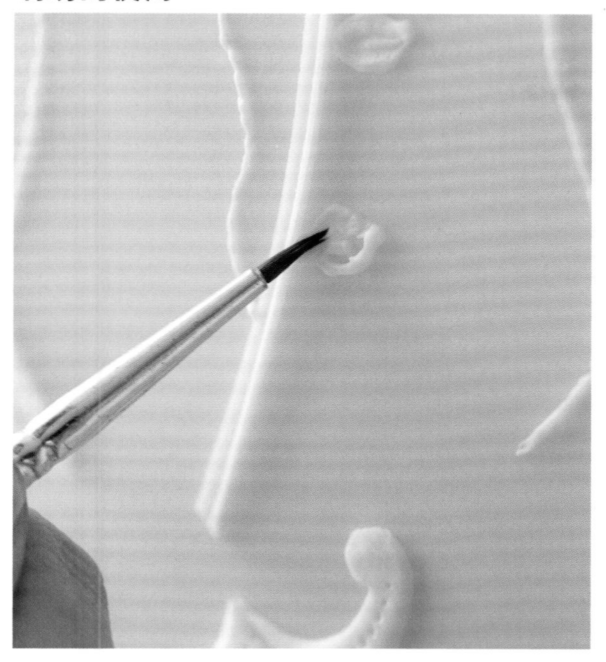

刷绣是另一种传统的蕾丝蛋糕装饰技法，通常以蛋白糖霜为原料，有时也使用打发的奶油奶酪。与前述的毛糙挤花技法相似，刷绣所呈现出的效果通常不像其外表般硬实，蕾丝线条并不十分顺滑，因此在操作时对手部的稳定性要求并不高。操作时需要做到干净利落、有条不紊，以确保达到理想的刷绣效果。

采用刷绣技法所做出的蕾丝图案较为小巧，并且图案轮廓线多为锯齿波浪线，因此刷绣时推荐使用1.5号或者2号裱花嘴（尖头），使用湿性打发的蛋白糖霜来完成作品。根据蕾丝图案的整体大小来选择所使用的裱花袋，尽可能的使用数量合适的蛋白糖霜和大小合适的裱花袋进行刷绣操作。

1. 将适量的湿性打发蛋白糖霜装入大小合适的裱花袋里，使用1.5号或者2号尖头裱花嘴描画蕾丝图案轮廓。

2. 取一支小软毛笔，将笔头沾湿后去掉多余的水分。用毛刷从糖霜轮廓线条的顶端由外向内轻刷，做出刺绣的效果。操作时可以根据所要达到的效果来确定刷绣的力度和刷出线条的长度，也可以根据所采用的蕾丝图案的范本来进行刷绣。刷绣的力度和笔触的长度决定了糖霜在糖皮表面的形状。

3. 继续用裱花袋挤出一小部分蕾丝的轮廓，用毛刷沿轮廓线刷出刺绣的效果。整个蕾丝图案刷绣完成后，静置至糖霜轮廓线条完全干燥。同时可以对蕾丝图案的内部做细节的描画。外部糖霜轮廓线条应尽量晾至干燥以保持整个蕾丝图案轮廓清晰。

过量挤花法和轮廓的描画

粗线蕾丝，也叫阿朗松蕾丝，是时下非常流行的一种蕾丝风格，常用于服装的装饰。粗线蕾丝的轮廓和细节大多由较为粗重的针脚或者粗线勾画出来（参见P80“现代粗线蕾丝风格”蛋糕）。这种蕾丝的特点是边缘轮廓线条并不是十分平滑整齐，因此在制作糖霜蕾丝时，要尽量按照粗线蕾丝的边缘特点进行挤花操作。

糖蕾丝

近年来关于糖蕾丝的介绍和使用越来越普及，糖蕾丝的知名度也随之得以迅速提高。制作糖蕾丝采用了独特的原材料，制作出的蕾丝图案精美，细节丰富，并且可以食用，因此常用来装饰蛋糕的围边。糖蕾丝的制作过程简便快捷，制作方法也非常简单，可以在较短的时间里做出装饰性强、效果逼真的蕾丝图案。

糖蕾丝粉和蕾丝模

自从SugarVeil公司的第一个糖蕾丝产品面市以来，市面上已经有不同品牌、种类丰富的糖蕾丝产品销售。每种品牌都有自己独家设计的配套的蕾丝模具和蕾丝粉。由于每种产品的配方略有不同，因此本书在此不对每一种产品的使用做详细的介绍，读者可以按照所购买产品的使用说明来操作。大多数的蕾丝粉需要与水混合使用，并且蕾丝粉中通常含有甘油成分以保证做出的糖蕾丝具有一定的柔韧性。也有一些蕾丝粉是事先与水混合好的，使用时只需要将混合好的蕾丝粉从包装里挤出使用即可。

制作时可以分别购买不同品牌的蕾丝粉和蕾丝模，本书中用到的蕾丝粉是同一个品牌，然后根据需要搭配不同品牌的蕾丝模。此处使用的蕾丝粉的品牌为英国品牌Claire Bowman，用这个品牌的蕾丝粉制作出的糖蕾丝通常令人满意。Claire公司也提供在线的糖蕾丝制作课程，特别适合初学者学习使用。SugarVeil公司的蕾丝模非常实用，蕾丝图案设计精美。另外Crystal Candy公司的蕾丝模的图案设计得非常漂亮。

光泽糖蕾丝闪粉

光泽糖蕾丝闪粉具有非常出色的装饰效果，可以使饼干或者蛋糕表面的蕾丝产生与众不同的效果，例如用于装饰杯子蛋糕顶端的蝴蝶。一些颜色的糖蕾丝闪粉是现成的，例如金色和银色闪粉。需要注意的是，使用糖蕾丝闪粉作出的蕾丝通常较脆，容易折断。如果用闪粉糖蕾丝弯曲来装饰蛋糕，可以在闪粉糖蕾丝的下面垫一层普通蕾丝粉做的糖蕾丝垫，这样可以增加闪粉蕾丝的柔韧性。蕾丝垫的颜色最好与蛋糕或者饼干的表面颜色相一致。

糖蕾丝的制作和使用

1. 将调好的蕾丝粉糊倒入蕾丝模中，使用蛋糕抹刀或者刮板迅速将蕾丝糊表面刮平。用刮板沿不同的方向在模具表面来回刮过，目的是去除蕾丝糊中的气泡，并确保蕾丝糊均匀地填充到模具里。接下来将刮板迅速清洁干净，再在模具表面做最后的刮蹭以去除表面多余的蕾丝糊，并将模具表面清理干净。

2. 将蕾丝模放置至糖蕾丝完全干燥。通常在室温条件下，糖蕾丝的干燥时间需要至少4小时，也可能需要一整夜的时间。干燥时间取决于所做糖蕾丝的大小以及室温条件下空气的湿度。也可以将蕾丝模置于低温烤箱里进行烘干（80℃/180℉）15～20分钟。如果采用烤箱烘干蕾丝，要注意烘烤的时间和温度。过度烘烤会使蕾丝质地变得较脆。

3. 一些糖蕾丝的设计需要制作双层蕾丝来增加蕾丝的强度，特别是一些设计精致的蕾丝图案。可以在蕾丝完全干燥后再重复一遍相同的过程即可。

4. 在判断糖蕾丝是否已经完全干燥时，可以在模具一角测试一下是否可以顺利的取出一小部分糖蕾丝。较大面积的糖蕾丝模脱模时，通常将蕾丝模倒扣朝下放置，然后将刮板置于模具一端的糖蕾丝上。用刮板轻轻压住蕾丝表面并将模具小心的向后卷起。小型的蕾丝模具的脱模可以直接用手将糖蕾丝从模具里剥离即可。

5. 将糖蕾丝置于托盘中，并用防油纸包好保存。如果气候十分干燥，应将糖蕾丝用塑料纸密封保存以防止蕾丝变干。在潮湿和阴冷的气候条件下，糖蕾丝会回潮变软变粘。这种情况下，可以在使用前将糖蕾丝用防油纸包好后放入烤箱中烘干。注意不可过度烘烤。

6. 用小刷子沾取少量水或者食用酒精刷在蛋糕或饼干表面的糖皮上，然后将糖蕾丝迅速固定在蛋糕或者饼干的表面。也可以在糖蕾丝表面涂抹少量食用粘胶来固定蕾丝。如果需要固定的蕾丝面积较大，推荐采用第一种方法；小面积的糖蕾丝固定则推荐使用第二种方法。

糖蕾丝的上色

糖蕾丝的上色可以采用在混合蕾丝粉时加入食用色膏或者色胶，不过这种方法通常适用于制作浅色糖蕾丝。在制作颜色较深的糖蕾丝时，推荐购买使用染色蕾丝粉，例如红色和黑色。也可以使用喷笔来进行上色，可以做出颜色具有特殊的阴影效果和渐变的效果，同时可以避免做出的糖蕾丝被溶解。

模板印花法

模板印花技法也是一种快速而简便的蛋糕装饰蕾丝制作方法，通常适合做出较为复杂的蕾丝图案，定制的模板图案也可以做出特殊的蕾丝效果。目前用于蛋糕装饰的蕾丝印花模板种类繁多，使用方法多种多样。

印花模板的使用

模板印花最常用的方法是将模板放在需要装饰的蛋糕表面，用一把小美工刀将蛋白糖霜均匀地涂抹在模板表面。使用胶带将印花模板做一定的遮挡，只留出所需要的印花部分。通过涂抹蛋白糖霜在蛋糕糖皮表面做出印花。

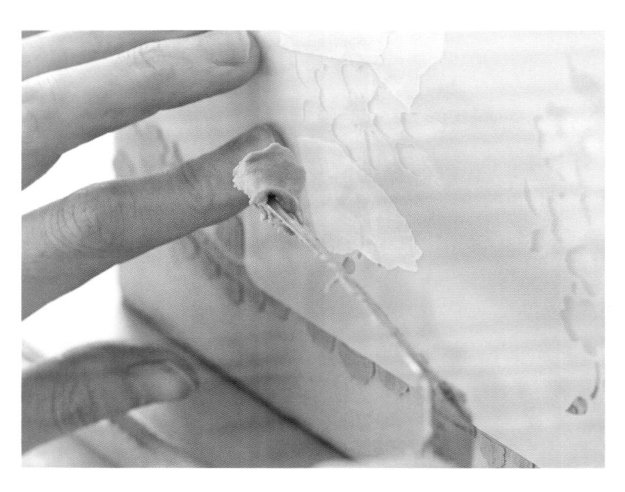

在蛋糕糖皮表面涂抹蛋白糖霜的过程也是给印花图案做出一定纹理的过程。在P50“华丽的模板印花蕾丝风格”蛋糕的制作过程中，使用了一支湿润的中型粉刷

在模板表面涂抹蛋白糖霜，在印花的同时做出了具有刺绣效果的糖霜纹理。也可以在模板前面添加一层网眼布或者薄纱，透过网眼布涂抹蛋白糖霜可以在糖皮表面印出较为轻薄的印花效果和刺绣纹理。

接下来小心地揭掉印花模板，用一把小的细毛软刷轻轻清理印花表面残留的印花碎屑，特别是印花两端部分的整理。使用一些附加的挤花装饰技法，例如小圆点、小枝叶和扇形花边等可以提高整个装饰效果，还可以添加一些亮片和珠光亮粉来做进一步的美化。

糯米纸的使用技巧

糯米纸，也叫洋菜纸，近几年以来广泛用于蕾丝蛋糕的装饰。糯米纸非常轻薄、几乎呈透明状，这些特点使其非常适合制作精致的蛋糕装饰物。

借助样式繁多的蕾丝花边和花朵压花器，可以十分方便地压出各种糯米纸花边和花朵，这些精美的可食用糯米纸花边和花朵非常适合装饰蕾丝蛋糕。本书中P22“精致的碟巾蕾丝艺术风格”蛋糕的制作采用了这种装饰技法，运用压花器压出长的装饰花边、装饰花朵，以及蛋糕顶部的精美装饰花球。

糯米纸也是一种非常棒的装饰材料，可以快捷地做出各种装饰花朵。可以用压花器直接压出花朵，也可以根据需要剪出不同形状的花朵。用糯米纸制作立体花朵和胸花形状的花朵也较为简单，糯米纸装饰花朵也是翻糖花理想的替代物，具体使用方法可见本书“现代粗线蕾丝风格”蛋糕的制作和装饰。

装饰品的使用

一些额外的小装饰品可以为整个的装饰设计增添乐趣，特别是对于某些特定风格的蕾丝来说，小装饰品的运用可以给蕾丝设计锦上添花。本书推荐使用的装饰品包括带有珍珠光泽和银色的小糖豆、可食用闪粉和亮片，这些装饰物可以增添光泽效果。在蕾丝服饰和新娘礼服上常见的蝴蝶结、缎带和胸花等饰品也非常适合装饰蕾丝蛋糕，可以增添蕾丝蛋糕的优雅气质。

可食用装饰亮片

市面上有现成的可食用亮片出售，也可以自制。使用微型切模可以切出小圆片，或者用尖头大号圆形裱花嘴挤出小球后，用球形工具将小球按压成中间凹陷的小圆片，再用粉刷给小圆片刷上食用亮粉即可。Claire Bowman品牌的蕾丝模也很适合制作装饰亮片，使用时配合蕾丝粉（参见P16“糖蕾丝”）即可。具体制作可以参见P44“爱之设计”蛋糕的制作和装饰。

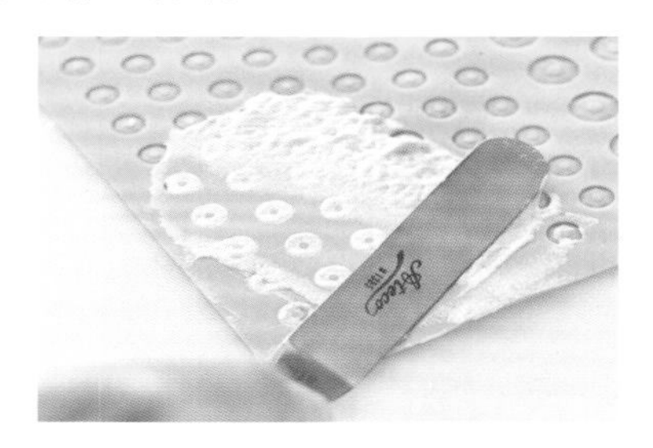

色素和着色

颜色的选择和使用对蕾丝蛋糕的装饰效果至关重要，而恰当的颜色选用可以给整个蕾丝蛋糕带来完全不同的装饰效果，使蛋糕呈现出优雅的风格。如果蛋糕的背景颜色较浅，则推荐使用白色或者象牙白色的蕾丝装饰，这样可以使蛋糕的整体颜色呈现出微妙的变化，同时又相互和谐。这一点也常常在婚礼礼服的设计中有所体现。不过在设计蛋糕的装饰颜色时也可以少量局部使用对比色，这些对比色通常在较远的距离不易被注意到。相对于白色系的蕾丝，黑色蕾丝其实也非常美丽，特别是用来装饰一些中性色，例如白色、银色和金色时，会有非常出色的装饰效果。本书不会特别偏好某一种颜色的使用，读者可以根据自己的设计和想要的效果来自行选择颜色的使用。

本书中的蕾丝设计大都采用了浅色调，不过也有一小部分蛋糕的装饰采用了较深的色调，目的是为读者带来更多创作灵感。这些与众不同的颜色的使用在P74“蕾丝褶皱和缎带风格”蛋糕、P94“蛋白糖霜蝴蝶花园风格”蛋糕以及P36“汉娜雏菊蕾丝风格”蛋糕的制作中有所体现。读者在创作自己的作品时不用完全改变惯用颜色的使用，可以尝试根据蛋糕使用时的背景颜色来选用蛋糕装饰色，或者从独立的蕾丝装饰物开始变换颜色的使用。例如轮廓线条的颜色可以使用不同的颜色进行描画，以便突出整个轮廓。也可以将花朵元素的图案使用同一种的颜色，而螺旋装饰线条和叶片的颜色则统一使用另一种颜色。另外还可以通过给装饰丝带和花朵饰物上色而达到不同的装饰效果。

干燥色粉和金属光泽亮粉

使用一把大的扁平粉刷给翻糖表面涂抹亚光和金属光泽亮粉，通过涂抹可以做出亮度不同的光泽效果。在P50“华丽的模板印花蕾丝风格”蛋糕的制作中就使用了金属光泽亮粉。涂抹色粉前，需将粘合糖皮的蛋糕放置至少8小时以上或者隔夜使用，使糖皮充分干燥变硬，否则在涂抹色粉时容易在糖皮表面留下划痕印记。建议在涂抹色粉时，采用由浅到深逐渐上色的方法，切忌一开始就用粉刷粘取大量色粉，这样容易造成糖皮表面色粉分布不匀现象。同时使用较软的粉刷可以避免在糖皮表面留下深浅不一的划痕。使用与糖皮底色反差较大的色粉进行上色时，尤其应注意以上细节。

气笔和色喷

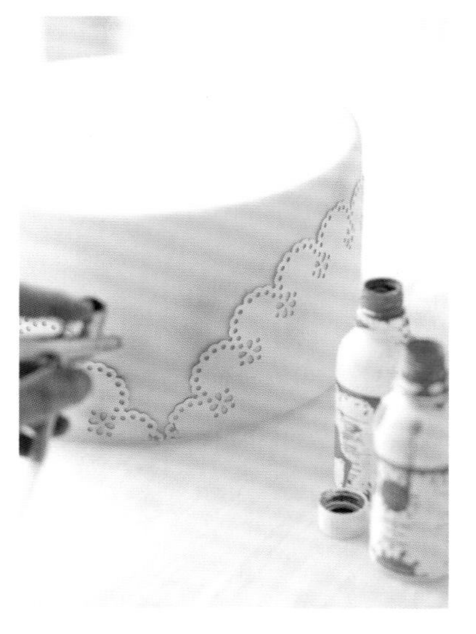

气笔是非常流行的蛋糕装饰工具，如今几乎每一位半职业蛋糕装饰师和蛋糕制作爱好者大都拥有一支气笔！虽然气笔并不是每次都会用到，不过要想做出微妙的色调和珠光效果时，气笔则是非常合适的工具。气笔做出的颜色效果通常非常有趣，尤其是处理蕾丝镶边时可以做出理想的颜色效果。

气笔很容易使用，并且一旦掌握了使用方法，就可以很容易的为蛋糕装饰增添不同的颜色效果。本书中在P22“精致的碟巾蕾丝艺术风格”蛋糕的制作中使用了气笔。初学者也可以通过大量的在线教程学习气笔的使用技巧。如果手头没有气笔，也可以使用各种颜色的色喷来代替气笔。色喷在任何一家蛋糕装饰用品商店中都有出售。色喷的缺陷是使用者不容易控制色料的喷出量，因此色喷无法做出十分细致微妙的颜色效果。

画笔描画

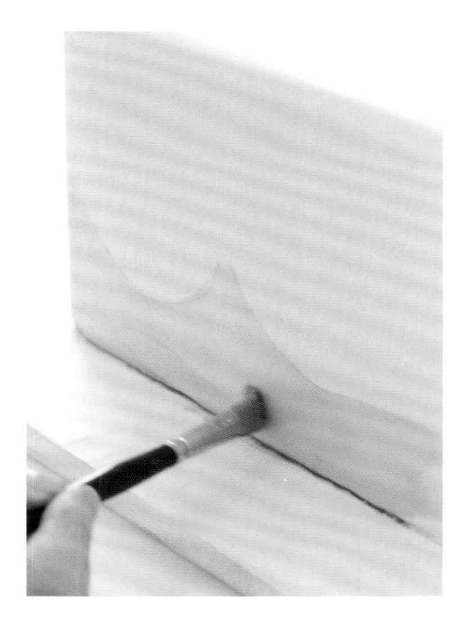

使用画笔将食用色粉描画在糖皮表面，或者用气笔将色料直接喷在糖皮表面，都可以做出令人满意的珠光效果。本书中P50“华丽的模板印花蕾丝风格”蛋糕的制作采用了这种方法。使用这种方法可以做出当今越来越流行的有趣的磨毛痕迹。

在使用色粉上色时，将色粉溶解于稍大量的高浓度食用酒精里，用一把大色粉刷沾取液体色料在蛋糕表面朝一个方向刷色。先刷一薄层色料，然后用一把大的干燥色粉刷在糖皮表面再刷一遍。颜色干燥后可以进行第二遍上色，根据上色效果也可以进行第三遍上色，以达到更深的颜色效果。

将上好色的蛋糕彻底晾干，根据需要用大的干燥色粉刷再次涂刷，并用大毛刷修饰不需要的条纹痕迹。

精致的碟巾蕾丝艺术风格

本节展示两个一套的优美多层蛋糕，其制作灵感来自简单的带有装饰性蕾丝花边的纸质碟巾。这种碟巾有着激光切割和切模压花效果的花边，生动优美，十分令人喜爱。本例蛋糕在制作时使用了压花器做出蕾丝花边碟巾效果，也可以使用真正的碟巾来做装饰。整个蛋糕的装饰主题结合了具有现代艺术风格的气笔上色以及日益流行的糯米纸装饰。这款蛋糕的装饰对两种不同装饰风格的混搭做了尝试，并且运用了不同种类的压花器做出具有个人风格的装饰品。

你需要准备

原料

四层蛋糕：

- 10厘米（4英寸）、15厘米（6英寸）、20厘米（8英寸）和25厘米（10英寸）的圆形蛋糕，每个蛋糕的厚度为10～11.5厘米（4～4.5英寸）（参见P103“蛋糕份量指南”），表面贴合一层白色糖皮（翻糖），并已经预先放置超过24小时（参见P112“为蛋糕表面贴合糖皮”）
- 28厘米（11英寸）圆形蛋糕底盘，表面贴合白色糖皮，预先放置至少24小时（参见P114“为蛋糕底盘贴合糖皮”）
- A4打印纸大小的糯米纸：3张白色，2张绿色（3条单色缎带或者3张彩纸——备用）

双层蛋糕：

- 13厘米（5英寸）圆形蛋糕，厚度10厘米（4英寸）；18厘米（7英寸）圆形蛋糕，厚度13厘米（5英寸）（参见“蛋糕配方”），两个蛋糕提前至少24小时贴合白色糖皮（参见P112“为蛋糕表面贴合糖皮”）
- 23厘米（9英寸）蛋糕底盘，至少提前24小时在表面贴合白色糖皮（参见P114“为蛋糕底盘贴合糖皮”）
- A4复印纸大小的糯米纸：4张白色，3张蓝色（3条单色缎带或者3张彩纸——备用）

两个蛋糕：

- 气笔喷绘颜料：天空蓝色，灰绿色（少量涂鸦）或者可食用色喷
- 25克（1盎司）白色糖花膏（干佩斯）
- 60毫升（4汤勺）蛋白糖霜（参见“蛋白糖霜”）

工具

- 小圆孔蝶巾圆形花边打孔器入门套装，碟巾蕾丝边深打孔器（Martha Stewart Crafts品牌）
- 纸张（A3复印纸大小）
- 剪刀或是手术刀
- 切割垫板或者合适的切割台面
- 大头针
- 气笔
- 12根小木条，切与成蛋糕厚度一致的长度（参见“多层蛋糕的组合”）
- 花瓣模板（参见P123“模板”）
- 1.5厘米（5/8英寸）圆环切模
- 长度1.8米（2码）、宽度1.5厘米（5/8英寸）的蓝色缎带

四层蛋糕的制作

1．用圆形花边打孔器压出碟巾蕾丝花边，具体操作请按照打孔器的使用说明进行。以下每种尺寸的碟巾需要两张：15厘米（6英寸）、20厘米（8英寸）、25厘米（10英寸）、30厘米（12英寸）（如图A）

2．用直尺将做好的圆形碟巾一分为二，并用笔轻轻画出直线做出记号。用剪刀或者手术刀在切割垫板上沿着直线将碟巾分割成不同大小的半圆碟巾（如图B）。仔细地将每片碟巾用大头针固定在每层蛋糕表面。30厘米（12英寸）的碟巾用于装饰底层25厘米（10英寸）的蛋糕；25厘米（10英寸）的碟巾用于装饰第二层20厘米（8英寸）的蛋糕；以此类推，由下往上按碟巾尺寸递减完成整个蛋糕的碟巾装饰。最顶端的蛋糕按照比例通常只需要2张碟巾装饰，也可以根据需要将碟巾裁短以便可以使用3张碟巾进行装饰。

3．将气笔中装入蓝色颜料，置于距离蛋糕20厘米（8英寸）处。小心地沿着碟巾蕾丝花边和小孔洞将颜料轻轻喷涂在蛋糕表面（如图C）（参见P21“气笔和色喷”）。颜料的喷涂可以有浓有淡，尽量做出颜色自然变换的效果。逐一将每层蛋糕喷涂颜色，最后将蛋糕底盘表面的边缘部分也喷涂一圈蓝色。如果没有气笔，可以使用色喷代替。

4．将气笔洗干净后装入绿色颜料，按照上述方法仔细地喷涂在各层蛋糕上，喷涂时应确保喷涂的绿色中要透出蓝色底色（如图D）。重复操作在蛋糕底盘表面喷涂一圈绿色。

5．将大头针和碟巾取出，把小木条插入蛋糕中。把蛋糕按照大小顺序在蛋糕底盘上组合成四层蛋糕（参见P115“多层蛋糕的组合”）。

6．每层蛋糕底部的一圈装饰花边可以用糯米纸制作。取绿色糯米纸一张，用蕾丝边打孔器在糯米纸上切出条状蕾丝花边（如图E）（参见P19“糯米纸的使用技巧”）。用直尺和手术刀或者剪刀在裁纸板上将压好的蕾丝花边从中间横向一裁为二（如图F）。

7．用少量食用胶将蕾丝花边固定在蛋糕底部相应的位置上，注意食用胶的用量要尽可能的少，否则会溶解糯米纸。在蛋糕上固定糯米纸花边时，应尽量将接缝等细节做得整齐干净，不露粘贴痕迹。糯米纸也可以用缎带或者彩纸来替代。

8．蛋糕上的花朵装饰使用白色糯米纸制作完成。用圆形花边打孔器压出直径15厘米（6英寸）和20厘米（8英寸）的圆形白色糯米纸花边碟巾各两张。制作时可以节约使用糯米纸，充分利用糯米纸裁出的下脚料压出半圆形的蕾丝花边碟巾。

小建议

A3大小的复印纸是理想的尺寸，如果手头只有A4大小的复印纸，则无法将较大的圆形碟巾完整压出，可以只裁出蕾丝碟巾的一部分使用。制作时可以尝试使用不同厚度和质地的纸张，从而可以选出制作碟巾更为合适的材料。

A

B

C

D

E

F

小建议

推荐将糯米纸毛糙的一面朝外放置，装饰效果看上去更加美观。

9. 使用花瓣模板（参见P123“模板”）在蕾丝花边碟巾上做出花瓣形状（如图G），每朵花需要5片花瓣。在花瓣底部向上剪出一个约为花瓣1/3长度的小口，在小口的一侧涂抹少许食用胶，将花瓣另一侧重叠后粘在一起（如图H）。重复完成所有5片花瓣的制作。

10. 将白色糖花膏擀成薄片，用小圆切模切出10个小圆片。取做出的花瓣，将每5片花瓣粘合在1个小圆片上，组成1朵白色花朵。一共做出5朵白色糯米花朵（如图I）。粘贴时应将花瓣均匀分布在小圆片底座上，同时花瓣间需保持一定的重叠。试着将第5片花瓣粘在第1片花瓣的下面，不过也可以将其直接放置在所有花瓣的最上面。

11. 用糯米纸边角料做出花心。方法是用一个小圆形切模在糯米纸上带有压花花边的部位切出一个小圆花心，可以使用手术刀或者剪刀帮助将花心剪下（如图J）。将裁好的小圆花心分别粘贴在剩余的5个小圆片上，并将做好的小花心粘贴在花朵中心并静置晾干。然后用少许蛋白糖霜将花朵固定在蛋糕上。由于糯米纸花朵非常轻薄，因此很容易被固定在蛋糕表面。最后在蛋糕底盘侧面缠绕并固定一圈蓝色缎带做装饰（参见P113“为蛋糕和蛋糕底盘装饰缎带”章节）。

双层蛋糕的制作

1. 使用蕾丝花边打孔器做出条状蕾丝花边，用来为双层蛋糕做印花装饰。做出的花边需要在上层13厘米（5英寸）的蛋糕上缠绕一圈，在下层18厘米（7英寸）的蛋糕上缠绕两圈，因此花边的总长度大约应为165厘米（65英寸）。仔细将蕾丝花边用大头针固定在双层蛋糕合适的位置上，注意花边应水平放置，底层蛋糕所需装饰的两圈蕾丝花边需保持上下平行。

2. 用气笔为蛋糕喷涂颜色。首先使用绿色颜料做出底色，然后再使用蓝色颜料在绿色上面做叠加（具体参见P24四层蛋糕制作方法的步骤4）。喷涂时主要应将颜料喷在条形蕾丝花边上，并由花边向上下两侧逐渐均匀地减少喷色。在蛋糕底盘表面的边缘部分也适当喷涂一圈颜料，然后将两个蛋糕在底盘上组合做出双层蛋糕（参见P115“多层蛋糕的组合”）。

3. 使用糯米纸来制作蛋糕顶部装饰花球。方法是用圆形花边打孔器压出10张直径15厘米（6英寸）的圆形蕾丝花边糯米纸碟巾（参见P19“糯米纸的使用技巧”）。应充分利用每张A4大小的糯米纸：每张糯米纸可以压出1个完整的圆形碟巾和1个半圆形碟巾。将每个圆形碟巾沿中线一裁为二，然后将半圆形碟巾卷成圆锥形锥筒。操作是注意将扇形蕾丝边重叠排列整齐，并用少量食用胶将蕾丝边两端粘合起来。

4. 用圆形切模在糯米纸的边角料上切出2个直径约为4厘米（1.5英寸）的圆片。在圆片上固定好10个碟巾锥筒（先在圆片上均匀粘贴7个锥筒做为底座，然后在顶部添加3个锥筒）；用同样的方法将另外10个锥筒固定在另一个圆片上（如图K）。静置待固定胶干燥后可以将两部分组合并粘贴在一起，做成一个完整的花球。

5. 用糯米纸压出扇形蕾丝花边，将扇形花边的边缘部分裁下用于装饰蛋糕的底部，裁出的扇形花边应保持大小形状相同。然后将花边在两个蛋糕底部合适的位置粘贴一圈做为装饰。最后用蓝色缎带装饰蛋糕底盘，沿侧面缠绕一圈并固定好（参见P113“为蛋糕和蛋糕底盘装饰缎带”）。

小建议

永远保持一颗寻找灵感的心。本节所展示的蛋糕，其创作灵感来自作者从Patricia Zapata的博客里读到的关于“碟巾装饰球制作”的课程，因此决定用糯米纸来制作可食用的碟巾装饰球。

碟巾风格杯子蛋糕

本节所展示的可爱的杯子蛋糕，简单采用了顶部装饰糯米纸蕾丝蝴蝶结的做法。做蝴蝶结的条状蕾丝使用了蕾丝花边打孔器制作，这种风格也是蕾丝花边碟巾风格的延续。可以尝试使用圆形花边打孔器来做出精致风格的杯子蛋糕托，给挤花蛋糕增添一丝欢快的气氛。

你需要准备

- ✤ 顶部盖有圆形翻糖的杯子蛋糕，翻糖盖面的颜色为白色、浅蓝色和浅绿色。圆形翻糖可以用锯齿状的圆形切模切出（参见P118“翻糖杯子蛋糕”）
- ✤ 顶端带有奶油奶酪挤花装饰的杯子蛋糕，使用一个大号裱花袋和大号圆形尖头裱花嘴挤出奶油奶酪
- ✤ 糯米纸：白色、浅绿色、浅蓝色
- ✤ 薄的彩色卡纸

顶部装饰有蝴蝶结的杯子蛋糕的制作

用蕾丝花边打孔器在糯米纸上压出一条蕾丝花边（长度为包含9个扇形的长度）。将首尾两端在扇形部位稍作修剪，使两端变得稍薄。将两端向内折回，并在整条花边的中心位置上下重叠，并用食用胶固定（如图A）。另取一段7厘米（2.75英寸）长的蕾丝花边围绕着蝴蝶结中心固定好。另外裁出两段短的蕾丝花边做蝴蝶结的尾部，先用食用胶将尾部固定在蛋糕合适的位置上，然后再粘上事先做好的蝴蝶结头部，组成一个完整的蝴蝶结。

蕾丝花边碟巾风格的杯子蛋糕托的制作

取薄彩色卡纸，用圆形蕾丝花边打孔器做出直径30厘米（12英寸）的圆形蕾丝碟巾风格的圆形卡片。取出含有8个扇形花边的一块蕾丝花边卡纸，沿着与蕾丝花边边缘平行的方向裁出所需的大小，裁出的卡纸高度约为7.5厘米（3英寸）。可以使用直径30厘米（12英寸）的盘子或者蛋糕托盘等工具辅助进行上述操作。最后将裁好的卡纸两端合拢，并用胶带或者漂亮的贴纸粘合即可。

A

迷人的马德拉刺绣风格

马德拉刺绣有时也翻译成“英格兰刺绣”，其清新简洁的风格非常令人喜爱。马德拉刺绣技法是将网眼和针线刺绣结合在一起，为织物带来生动有趣的视觉效果和特殊的纹理。这种刺绣技法也非常适合用于蕾丝蛋糕的装饰。本节实例中使用了黄色糖皮贴合在三层蛋糕的表面，然后将白色带有花卉细节的马德拉刺绣风格的糖皮覆盖在外层。网眼周围的刺绣效果的花瓣是用糖花膏做出的针刺纹理，这种技法为整个装饰带来了刺绣的视觉效果。也可以尝试使用颜料来突出花朵细节，或者选择如图所示纯白的色调，创造出干净、精致的风格。

你需要准备

原料

- 3个圆形蛋糕，尺寸分别为：10厘米（4英寸），高11.5厘米（4.5英寸）；18厘米（7英寸），高12厘米（4.75英寸）；25厘米（10英寸），高13厘米（5英寸）（参见P103“蛋糕份量指南”），每个蛋糕表面贴合一薄层浅黄色糖皮（翻糖），并且至少放置24小时使糖皮彻底干燥（参见P112“为蛋糕表面贴合糖皮”）
- 33厘米（13英寸）的圆形蛋糕底盘1个，表面贴合白色糖皮并且至少晾干24小时（参见P114“为蛋糕底盘贴合糖皮”）
- 2千克（4磅8盎司）白色翻糖
- 100克（3.5盎司）白色干佩斯（花朵、花瓣用）
- 珠光色粉
- 1/4蛋白糖霜（参见P120“蛋白糖霜配方”）
- 食用酒精或者柠檬汁

工具

- 圆形切模：1厘米（3/8英寸）；1.3厘米（1/2英寸）；2厘米（3/4英寸）
- 泪滴形/花瓣形切模：1.8厘米（5/8英寸）；3厘米（1.25英寸）
- 7根中空小木条，长度与每层蛋糕的高度相等（参见P115“多层蛋糕的组合”）
- 多用途花朵脉络压模（FMM）
- 大号软毛色粉刷
- 小号裱花袋和1.5号尖头裱花嘴
- 细画笔
- 白色缎带，长度110厘米（44英寸），宽度1.5厘米（5/8英寸）

1. 在10厘米圆形蛋糕的表面涂抹少许食用油（植物白油），然后贴合一薄层白色糖皮。使用2厘米（3/4英寸）的圆形切模轻轻地在糖皮表面做出花朵中心位置的标记：10厘米（4英寸）大小的蛋糕表面可以装饰4朵镂空蕾丝花朵。在花心位置使用1厘米（3/8英寸）的小圆切模切出花心孔。

2. 取小号泪滴形/花瓣形切模在花心周围切出平均分布的8片花瓣（如图A）。为了使花瓣位置分布均匀，可以先切出位置相对的两组花瓣，然后在每相邻的两片花瓣之间插入1片花瓣。注意在花瓣顶端与花心之间要留有一定空隙。用小刀或者牙签轻轻将切出的花瓣糖皮取出（如图B）。

3. 用1.3厘米（1/2英寸）大小的小圆切模在花朵之间的空隙处切出一些小圆孔，圆孔之间应留有4～5厘米（1.5～2英寸）的距离。

4. 重复上述步骤（步骤1～4），在10厘米（7英寸）的蛋糕上做出6朵镂空装饰花朵，在25厘米（10英寸）的蛋糕上做出9朵镂空装饰花朵。在空隙处切出小圆孔，注意可以将小圆孔一直向上排列至上一层蛋糕的底部边缘位置。

5. 在蛋糕里放入小木条，并将3个蛋糕在蛋糕底盘上组合成一组蛋糕。蛋糕底盘事先应贴合一层白色糖皮并充分晾干（参见P115“多层蛋糕的组合”）。

6. 花瓣周围的针线刺绣效果需要使用干佩斯来制作。取适量干佩斯擀成薄片，用3厘米（1.25英寸）的泪滴形/花瓣形切模切出足够数量的干佩斯花瓣。注意干佩斯花瓣的总数应至少为三层蛋糕上所有装饰花瓣数量的总和。制作时可根据需要重复擀制干佩斯。

7. 用色粉刷在花朵脉络压模的表面上厚厚涂一层珍珠白亮粉。将切好的干佩斯花瓣放在压模里（参见P10“模具”）压出刺绣纹理。将压好纹理的花瓣用小号泪滴/花瓣切模切去中间部分，只留下刺绣边缘部分（如图C）。用少量食用胶将刺绣花边粘贴在蛋糕表面装饰花瓣周围。

8. 将白色干佩斯擀成薄片，用2厘米（0.75英寸）的圆形切模切出小圆片。将小圆片放入事先涂抹珠光白色亮粉的花朵脉络压模里压出刺绣纹理。取1.3厘米（1/2英寸）大小的圆形压模将圆片的中间部分去掉（如图D）。将做好的带有刺绣纹理的圆圈用食用胶粘贴在蛋糕表面花心和其他小圆环的周围。

9. 在裱花袋中装入湿性打发的蛋白糖霜，用小号裱花嘴将蛋白糖霜沿花心和其他小圆圈周围挤出一圈。接着迅速用湿的细毛刷将挤花轻轻按压刷出刺绣纹理（参见P15“刷绣的使用”）（如图E）。

10. 将少量白色珠光亮粉溶解在食用酒精或者柠檬汁中，用小毛刷沾取颜料刷在挤花部位。最后用白色缎带在蛋糕底盘侧面缠绕一周并固定好（参见P113“为蛋糕和蛋糕底盘装饰缎带”）。

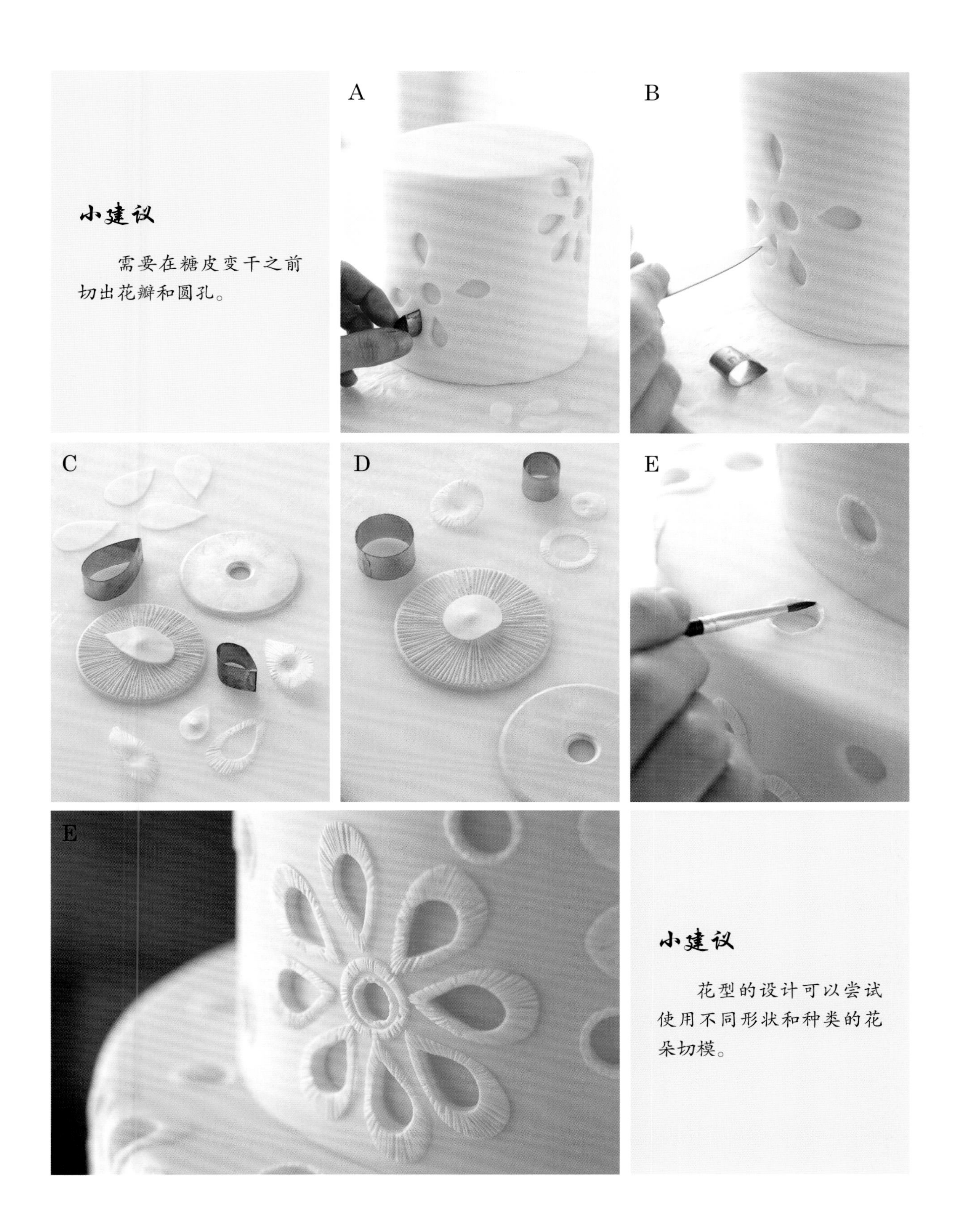

小建议

需要在糖皮变干之前切出花瓣和圆孔。

小建议

花型的设计可以尝试使用不同形状和种类的花朵切模。

马德拉刺绣风格迷你蛋糕

本节展示的浅黄色迷你蛋糕在设计上继续使用马德拉刺绣装饰风格：底部是优美的贝壳形波浪花边，顶部装饰有精致的马德拉刺绣风格的花朵。运用切模制作出装饰花朵以及在细节部分采用裱花的方式，为整个蛋糕带来不俗的装饰效果。制作时应首先做出顶部的装饰花朵，以便可以使花朵有足够的干燥时间。

你需要准备

- 5厘米（2英寸）圆形迷你蛋糕（参见P16“迷你蛋糕”），表面贴合一层浅黄色糖皮（翻糖）
- 白色干佩斯
- 花朵切模：6厘米（2.375英寸）；2.5厘米（1英寸）
- 凤眼花瓣切模：单瓣；5瓣（PME）
- 花托或者果盘
- 扇形花边条状压花模（FMM）
- 7号裱花嘴（尖头）（Wilton品牌）或者圆孔切模（PME）
- 带有1号裱花嘴的裱花袋，内装湿性打发的蛋白糖霜（参见p120“蛋白糖霜配方”）

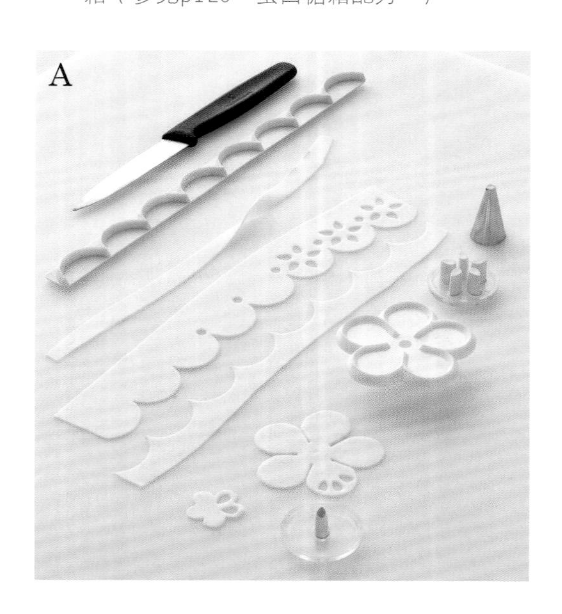

顶端装饰花朵的制作

将适量白色干佩斯擀成1毫米（1/32英寸）厚度的薄片。使用大的花朵切模切出底部花朵，中心小花朵则使用小号花朵切模切出。用单瓣凤眼切模在每片花瓣上做出凤眼形镂空小孔（如图A）。将花朵分别置于花托或者果盘上晾干。注意放置晾干时，应借助花托的弧度使花瓣呈现出向上自然弯曲的效果。

扇形花边的制作

将适量的白色干佩斯擀成大小为23厘米长、5厘米宽（9英寸×2英寸）的薄片。用扇形花边条状压花模沿长边切出1条扇形花边。在每个扇形拱边的下方用5瓣凤眼花瓣切模切出镂空花朵。然后用7号尖头裱花嘴或者圆孔切模在每朵花之间切出1个小圆孔（如图A）。

用一把锋利的小刀在花边底部沿平行于扇形花边的方向切出直线底边。将做好的扇形花边在迷你蛋糕底部缠绕一圈，并用少量食用胶固定。注意花边接头的部位应做适当的修剪，以便使花边接口干净整齐。

迷你蛋糕的最后装饰

取一个装有1号裱花嘴的裱花袋，将湿性打发的蛋白糖霜装入裱花袋中。沿着扇形花边的边缘、花瓣边缘和小圆孔边缘均匀的挤出适量的蛋白糖霜。然后沿顶部装饰花朵的边缘轮廓做挤花操作。静置至蛋白糖霜彻底干燥后，将小花朵用食用胶粘在大花朵的中心部位。并将做好的装饰花朵粘贴在迷你蛋糕顶端合适的位置上。

汉娜雏菊蕾丝风格

本节所示的五层蛋糕的装饰采用了挤花的方式完成，精美的线条和精致的小雏菊带来令人愉悦的装饰效果。这种装饰风格的创作灵感来自一位叫汉娜的女士的结婚礼服。汉娜女士是本书作者的一位非常优秀的雇员，这件结婚礼服实际上是汉娜的母亲30年前结婚时穿过的礼服，而礼服所采用的蕾丝风格即便在今天看来也非常优雅迷人。本例蛋糕的装饰颜色采用了深浅两种粉色，其中暗粉色的部分不仅为整个蛋糕增添了生动的色彩，而且很好地突出白色蕾丝的花纹和线条。借助基本的挤花技巧，加上正确的操作方法和足够的耐心，任何人都可以做出如图所示的精美的汉娜雏菊蕾丝风格的蛋糕。

你需要准备

原料

- 10厘米（4英寸）圆形蛋糕，厚度9.5厘米（3.75英寸）；15厘米圆形蛋糕（6英寸），厚度10厘米（4英寸）；20厘米（8英寸）圆形蛋糕，厚度13厘米（5英寸）；25厘米（10英寸）圆形蛋糕，厚度15厘米（5英寸）；33厘米（13英寸）圆形蛋糕，厚度11厘米（2.25英寸）（参见P103“蛋糕份量指南”）。所有蛋糕均贴合一层浅粉色糖皮（翻糖）（在象牙白的翻糖中加入少许暗粉色色粉），并提前静置晾干至少24小时（参见P112“为蛋糕表面贴合糖皮”）。
- 40厘米（16英寸）的蛋糕底盘，表面贴合一层浅粉色糖皮（参见P114“为蛋糕底盘贴合糖皮”）。将贴合好糖皮的底盘粘合在另一个同样大小的蛋糕底盘上。

原料

- 基础设计模板（参见P123“模板”）
- 大头针
- 铅笔
- 大号软头毛刷
- 小号裱花袋
- 尖头裱花嘴：0号和1.5号
- 细毛画笔
- 划线器
- 小木条，长度与每层蛋糕的厚度相等（参见P115“多层蛋糕的组合”）
- 33厘米（13英寸）长、2.5厘米（1英寸）宽，带有蕾丝边的缎带（备用）

1. 使用铅笔描画法或者点刺法（参见P10“模板的使用”）将本书P123所展示的基础设计模板中的花边图案分别印画在20厘米（8英寸）和25厘米（10英寸）的两个蛋糕表面。利用模板进行描图时，首先取出防油纸分别量取两个蛋糕的周长，将量好周长的防油纸平均分成6份，每份上描出一个花边图案，重复6次完成一个蛋糕模板的制作。注意在防油纸上进行描画时，应将所有花边图案保持在同一水平位置上。制作时也可以随时根据蛋糕的实际大小对图案做细微的调整。可以参照本节蛋糕的主图所示来确定好花边在蛋糕的具体装饰位置。将防油纸模板按照花边最终的装饰位置在蛋糕表面固定好，并进行花边的描画。按照上述同样的方法将模板上所画的另一个花边图案描画到15厘米（6英寸）的蛋糕表面，不过描画前应先将防油纸平均分成7份，重复描画7次相同的花边图案来完成防油纸模板的制作。

2. 顶端和底端的两个蛋糕所使用的花边模板可以自制。取宽度合适的防油纸条量取蛋糕的周长后，将纸条做均分处理。顶端蛋糕需要将防油纸平均分成6份，然后按照蛋糕主图所示，相应地画出总共包含6个扇形装饰的花边图案，所画的扇形曲线如图所示是向上拱起的。最底层蛋糕由于尺寸较大，因此在使用防油纸测量周长时，需要将几张防油纸粘合起来使用。也可以将蛋糕先分为相等的两部分后进行测量。在防油纸上按图所示均匀的画出向下弯曲的扇形花边，注意扇形的大小应依照防油纸上平均分好的间隔画出。底层扇形花边是由14个扇形组成，因此可以将防油纸条平均分成14份。也可以按照半个蛋糕分成7份的方式进行操作。

3. 按照蛋糕主图所示的色彩，将暗粉色食用色粉仔细地涂在特定的区域上（如图A）。每次粘取色粉时可以在厨房纸巾上拍掉多余的色粉，控制好色粉的使用量。逐渐将颜色晕染开以避免留下不均匀的色痕。

4. 从最下层的蛋糕装饰开始进行整个蛋糕的蕾丝装饰。将裱花袋中装入湿性打发的蛋白糖霜，用0号尖头裱花嘴进行挤花。沿着事先留下的痕迹绕蛋糕一圈挤出扇形花边（参见P14“传统的挤花技巧”）。可以先在桌子的侧面或者一张直立的纸上练习这种挤花技巧。实际操作时应一边做挤出动作，一边沿曲线方向牵动挤出的蛋白糖霜。将裱花袋向后朝向身体放置，让挤出的蛋白糖霜呈“滴落”的状态“落到”曲线的位置上，这样可以容易的做出扇形的曲线弧度（如图B）。

5. 在距离挤出的扇形花边下方约4毫米（1/8英寸）的位置挤出第二条扇形花边。操作时可以沿着第一条扇形花边的走向绕蛋糕一圈，平行挤出第二条花边。通常情况下，在完成一圈的扇形花边制作后，挤出的蛋白糖霜也已经变得足够干燥。接下来在两条扇形花边之间垂直地挤出短的直线条，线条之间的间隔为3毫米（1/8英寸）（如图C）。

6. 使用同一个裱花工具在每个扇形连接点的下方挤出一个小的双线扇形花边，双线之间的宽度大约为5毫米（1/4英寸）。小双线扇形花边的横向宽度约为3～4厘米（1.25～1.5英寸），最大弧度处距上方连接顶点的距离约为2～2.5厘米（0.75～1英寸）。重复上述操作，在每个连接点的下方做出一个小双线扇形，然后在双线之间均匀的挤出6个小圆环（如图D）。将未用完的裱花袋装入塑料袋中密闭保存，以防止蛋白糖霜变干。

7. 取一个带有1.5号裱花嘴的裱花袋，装入湿性打发的蛋白糖霜。沿着最上端的扇形花边的曲线挤出稍粗的线条。注意为防止变干，每次只需完成一个扇形花边即可（如图E）。然后迅速用一把湿的小细毛画笔将粗线条向下稍作刷绣处理，做出刺绣的纹理效果（参见P15“刷绣的使用”）（如图F）。

8. 继续使用1.5号裱花嘴完成小雏菊花朵的制作。在小扇形围出的三角形空白中间挤出8个小圆点，并围成一圈。用湿的小细毛画笔迅速将小圆点向圆心方向按压成泪滴形花瓣。重复以上操作，在所有的小扇形内做出小雏菊图案。最后在每个小雏菊的中心位置上挤一个小圆点花心，并用小画笔轻压一下（如图G）。

9. 底层蛋糕的装饰还采用了空心雏菊，制作时使用0号裱花嘴。首先在扇形花边的扇形连接点的上方位置处挤出一个小圆环形花心，位置距离扇形拱起点上方大约8毫米（3/8英寸）处。在每个扇形拱起点上方分

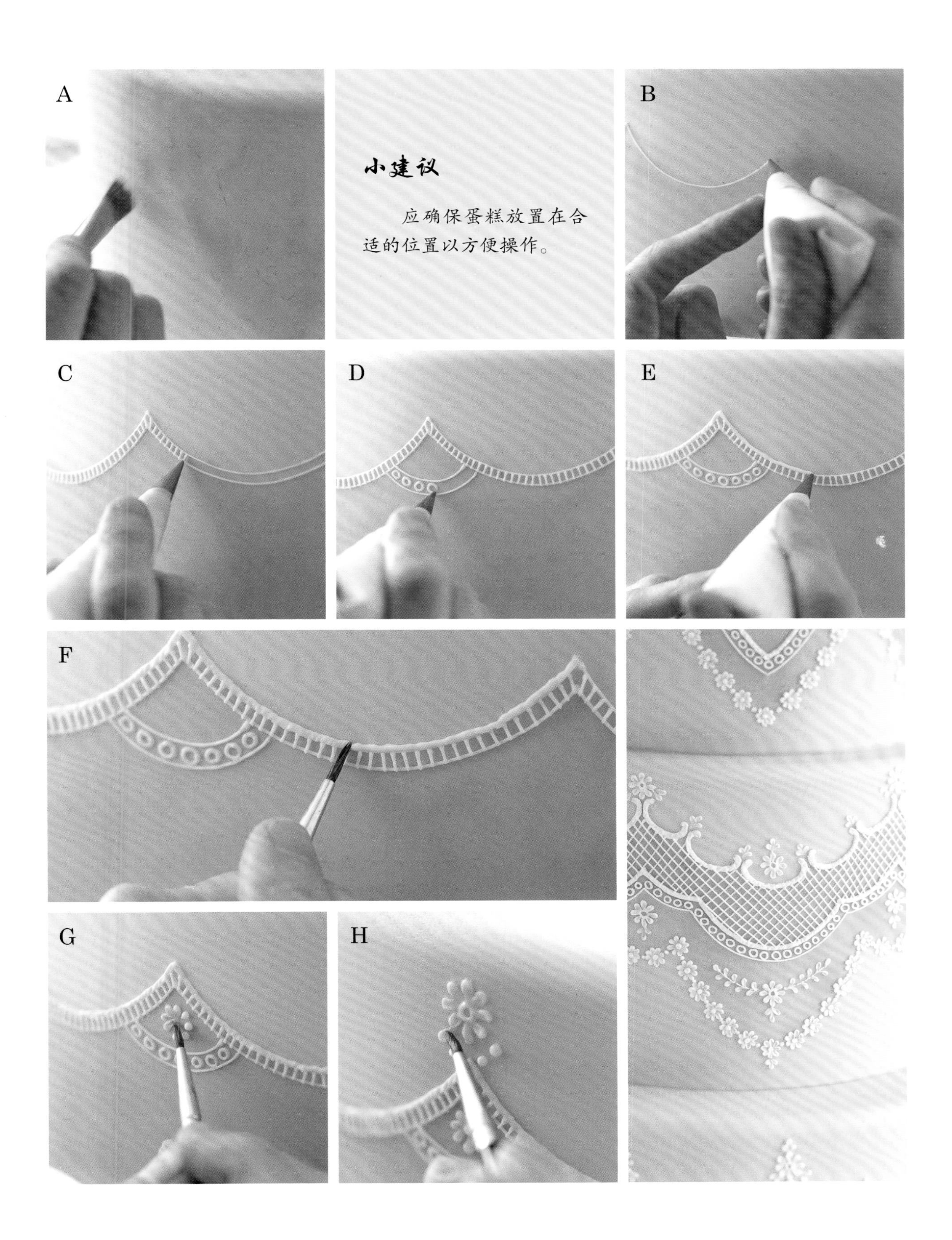
A
小建议
应确保蛋糕放置在合适的位置以方便操作。
B
C
D
E
F
G
H

别挤出圆环形花心。待花心干燥后，使用1.5号裱花嘴在花心周围做出8片雏菊花瓣（参见步骤8）。用同样的方法在花朵下方左右两侧各做出2片泪滴形叶片图案。操作时使用裱花嘴挤出小球，用湿的小画笔将小球向里侧轻按做出泪滴形图案（如图H）。同样地，在顶端花朵的上方挤出3个小球，排列成三角形。用细毛画笔将小球按压做出鸢尾花纹章装饰。

10. 最后在每段扇形花边的弧线的中间位置做出如图所示的装饰图案。使用挤花的方式和湿的细毛刷做出带有半个花心的半朵雏菊花朵装饰。具体制作方法见前述步骤。

11. 25厘米（10英寸）蛋糕的装饰从最上端的横向的“C”字形线条开始。使用0号裱花嘴按照事先描画好的痕迹在蛋糕上画出一圈“C”字形花边（如图I）。

12. 沿着事先描好的痕迹在“C”字形花边的下方描画出扇形花边（如图J）。描画时采用“滴落”的挤花技法画出扇形曲线（参见步骤4）。

13. 在“C”字形花边和扇形花边之间画出网格形装饰线条。描画时，将裱花嘴尽量靠近蛋糕表面，采用从上到下的方向画出斜的线条。线条之间的间隔为3毫米（1/8英寸）（如图K）。完成一圈的斜线描画后，自上而下的画出相对的方向的线条做出网格图案（如图L）。使用挤花的技法画出网格图案可以说是本书中最难的挤花花操作，因此不必为操作中遇到的困难而气馁。多多加以练习无疑可以帮助提高制作水平。

14. 继续使用0号裱花嘴在网格形花纹的底边下方平行的挤出另一道扇形花边。两道扇形花边间的距离约为5毫米（1/4英寸）。

15. 另取一个裱花袋装入湿性打发的蛋白糖霜，使用1.5号裱花嘴沿着顶端“C”形花边和网格底边的扇形花边描画，将网格上下两端的边界线加粗，然后用小细毛画笔做刷绣处理，做出刺绣纹理的效果。使用0号裱花嘴在网格底边的两条扇形花边之间连续画出小圆圈形装饰（如图M）。

16. 雏菊花链的制作使用了相同的挤花方法。将事先描画在蛋糕上的雏菊花链按长度均匀地做出分割。使用划线器在花边上做出分割记号，大约间隔为2厘米（3/4英寸）。在每个做好的记号处用挤花的方式做出一个雏菊花朵图案（参见步骤8），尽可能地制作出形状和大小完全一致的花朵图案。将一圈的雏菊花链制作完成后，可以在每朵花的中心挤出花心，并用小画笔轻压一下。用同样的方法在每朵花之间做出一个小圆点装饰。

17. 按照蛋糕主图所示，在图片所示的位置上做出稍大的雏菊装饰花朵。首先挤出一个圆环花心，然后挤出花瓣并用小画笔做出泪滴形花瓣，最后做出鸢尾花纹章装饰图案（参见步骤9）。在制作花朵两边的藤蔓时，先在花朵两边取等长的距离处做出记号，然后使用0号裱花嘴由后向前轻轻画出两条等长的藤蔓。使用1.5号裱花嘴在藤蔓两侧挤出小圆点并用细毛画笔做出小叶片形状（如图N）。

18. 上面三层蛋糕的装饰技法与上述底部两层蛋糕的装饰技法基本相同，都是采用了新鲜的蛋白糖霜挤花的方法完成的。在装饰20厘米（8英寸）的蛋糕时，用挤花的方法首先画出蛋糕上部双边扇形中弧度较小、呈现尖头的曲线部分，描画应停在每个扇形的中间位置。然后描画较大斜度的扇形花边部分，先描画左边的曲线花边，沿着从上到下的方向挤出花边；再描画右边的花边，依然按照从上到下的方向描画。扇形花边的描画全部完成后，按照前述步骤将上面一条扇形花边做加粗和刷绣，做出刺绣的纹理效果。然后在平行的扇形花边之间挤上小圆圈形装饰。接下来用挤花的方式做出雏菊花链，参照蛋糕主图所示，按照前述方法做出花瓣、叶片和藤蔓的细节。15厘米（6英寸）蛋糕的装饰花边，包括扇形花边和短的连接线条，制作方法与底层蛋糕的装饰方法完全相同。最顶端10厘米（4英寸）蛋糕的装饰花朵细节与前述蛋糕的装饰方法完全相同，可以参照蛋糕主图进行雏菊花朵细节的描画和制作。

19. 在每层蛋糕里放入小木条，小心地将5个蛋糕在蛋糕底盘上组合起来。操作时应避免破坏任何一个蛋糕上的装饰图案（参见P115“多层蛋糕的组合”）。最后在蛋糕底盘侧面缠绕并固定一圈缎带作为装饰（参见P113“为蛋糕和蛋糕底盘装饰缎带”）。

小建议

在做网格挤花时，应使用新鲜打发的蛋白糖霜以确保蛋白糖霜具有一定的黏度，如果蛋白糖霜较软，则挤出的线条容易断裂。

小建议

如果在组合蛋糕时损坏了蛋糕表面的装饰图案，可以使用湿的画笔将损坏部分擦掉后重新进行挤花装饰。

精巧的雏菊蕾丝饼干

本节介绍的雏菊蕾丝风格的方形小饼干有着精巧的花朵和精细的格子图案。这个雏菊蕾丝饼干采用了与前述蛋糕不同的色彩设计，在白色的糖皮底色上装饰了生动活泼的艳粉色雏菊蕾丝图案。为平放的饼干平面做挤花操作相对于在蛋糕直立的方向做挤花来说则容易许多，所以此款饼干的装饰制作非常适合初学者进行操作。

你需要准备

- 6厘米（2.5英寸）见方的方形饼干（参见P119“饼干的烘焙”），表面贴合一层白色蛋白糖霜（参见P122“蛋白糖霜饼干的制作”）
- 裱花袋以及0号和1.5号尖头裱花嘴，裱花袋中装入湿性打发的粉色（使用Sugarflair Claret牌食用色膏）蛋白糖霜（参见P120“蛋白糖霜配方”）

小雏菊围边蕾丝饼干的制作

首先使用0号裱花嘴在正方形饼干表面挤出一个双线正方形图案（参见P14“传统的挤花技巧”）。用1.5号裱花嘴沿着饼干外沿用挤花的方式做出一圈雏菊图案（参见“汉娜雏菊蕾丝风格”蛋糕中的步骤7）。为了使做出的雏菊均匀分布，可以先在饼干四个角的位置做好一朵雏菊，然后在每边中心的位置再做出一朵雏菊，最后在每两朵雏菊之间添加一朵雏菊即可。

接下来在挤出的正方形两条平行边之间用0号裱花嘴按一定间隔挤出短的连线。再用1.5号裱花嘴将正方形方框的内圈加粗并用小画笔做刷绣处理。最后在饼干中心位置做出空心雏菊花朵图案，并在花朵周围按图所示添加叶片（参见“汉娜雏菊蕾丝风格”蛋糕中的步骤8）。

网格装饰饼干

首先在方形饼干的一角挤出一个字母“C”形曲线。接着在饼干中央沿大约对角线的位置挤出一个与“C”形曲线平行的扇形曲线。在扇形曲线的上方平行挤出第二条扇形曲线，间隔如图所示。画好后在两条平行的扇形曲线之间挤出小圆圈装饰。

接下来做网格装饰（参见“汉娜雏菊蕾丝风格”蛋糕中的步骤12）。网格装饰完成后，使用1.5号裱花嘴将“C”形曲线加粗后用小画笔做刷绣处理。最后参照图片所示，用同样的方法在空白处做出雏菊花朵、叶片和鸢尾纹章装饰图案。

爱之设计

这款迷人而浪漫的多层蛋糕的灵感来自作者所熟悉的一位名叫Claire Pettibone的婚纱设计师。这位著名的婚纱设计师擅长在设计中将不同织物、纹理和风格结合在一起，而缝制贴花的加入也使得婚纱的设计效果常常出人意料。所有这些元素的运用使其作品不仅具有复古和优雅的细节，同时又体现出现代感。作为灵感的来源，本节蛋糕的装饰也采用了一些上述相似的技法和材料，包括气笔的使用和挤花技法的运用。在蛋糕的装饰细节上采用了糯米纸叶片、花朵蕾丝贴花工艺，以及使用了可食用亮片和珠光小球，闪亮的效果起到了画龙点睛的作用。

你需要准备

原料

- 9厘米（3.5英寸）圆形蛋糕，厚度10厘米（4英寸）；13厘米（5英寸）圆形蛋糕，厚度11.5厘米（4.5英寸）；18厘米（7英寸）圆形蛋糕，厚度13厘米（5英寸）；23厘米（9英寸）圆形蛋糕，厚度14厘米（5.5英寸）（参见P103“蛋糕份量指南”），以上蛋糕均贴合一层浅咖啡色糖皮（翻糖）（参见P112“为蛋糕表面贴合糖皮”）
- 30厘米（12英寸）蛋糕底盘，表面贴合浅咖啡色糖皮（参见P114“为蛋糕底盘贴合糖皮”）
- 珠光白色气笔颜料或者可食用的色喷颜料
- 适量的湿性打发的蛋白糖霜（参见P120“蛋白糖霜配方”）
- 3张A4纸大小的糯米纸
- 饰胶
- 珠光白色光泽色粉
- 食用酒精或者柠檬汁
- 干佩斯：奶油色、淡褐色和白色各50克（1.75盎司）
- 使用蕾丝粉（Claire Bowman）和亮片模具做出的银色亮片或者市售的可食用亮片（参见P19“可食用装饰亮片”）
- 20克（3/4盎司）浅咖啡色翻糖
- 微型珍珠糖豆

工具

- 防油纸，大小为5厘米×75厘米（2英寸×30英寸）
- 气笔（备用）
- 7根中空小木条，分别切成与23厘米（9英寸）蛋糕和18厘米（7英寸）蛋糕厚度相等的长度（参见P115“多层蛋糕的组合”）
- 3根“泡沫红茶”吸管或者削薄的小木条，长度与13厘米（5英寸）蛋糕的厚度相等
- 划线器
- 小号裱花袋和1号尖头裱花嘴
- 花朵和叶片模板（参见P123“模板”）
- 花朵形压花器
- 蕾丝贴花模具：小花朵、迷你单个雏菊、V形花枝（装饰蛋糕用）
- 长1.25米（1.375码）、宽1.5厘米（5/8英寸）的白色缎带

1. 取防油纸在23厘米（9英寸）蛋糕的底部围一圈并固定好，然后将蛋糕上半部分用气笔喷刷成珠光白色，或者使用可食用色喷来涂色（参见P21“气笔和色喷”）。接着喷涂余下的3个蛋糕，喷色时采用逐渐上色的方法，先少量喷一层颜色，干燥后再喷一层相同的颜色。重复3次完成所有的蛋糕涂色后，将底层蛋糕上的防油纸取下。

2. 在蛋糕里放入小木条和木片后，把4个蛋糕在蛋糕底盘上组合起来（参见P115“多层蛋糕的组合”）。顶端最小的蛋糕的支撑只需要在下层的蛋糕中放入红茶吸管或者小木片即可。

3. 在底层蛋糕上沿着珠光白色的色彩边界用划线器做出记号。记号的间隔为2.5厘米（1英寸）和4厘米（1.5英寸）两个长度交叉地做出。

4. 将裱花袋里装入湿性打发的蛋白糖霜，把各个记号之间用挤出的线条连起来：间隔2.5厘米（1英寸）的记号之间用直线连接，间隔4厘米（1.5英寸）的记号之间用尖头向上的“V”形折线连接（参见P14“传统的挤花技巧”）。如果所画出的线条在最后的接口处出现偏差，可以把最后几个线段和折线的长度略做调整（如图A）。

5. 把1张糯米纸粗糙面朝外盖在花朵模板（参见P123“模板”）上，使用划线器轻轻在纸上描出花朵轮廓线和内部细节（如图B）。用剪刀按照描出的图案剪出花朵图形。重复操作制作出总共8朵花朵，并将花朵用少许饰胶粘贴固定在蛋糕上。参照主图所示，在23厘米（9英寸）的蛋糕上可以装饰3朵花，18厘米（7英寸）的蛋糕上可以装饰3朵花，上层两个蛋糕上各装饰一朵花。将每层蛋糕上的花朵均匀分布在不同的位置上。

6. 用划线器在蛋糕上做出藤蔓痕迹（如图C）。本例中在每层蛋糕的花朵处都采用了大致相同的藤蔓设计（这种设计在下面两层蛋糕上使用了3次，在上面两层蛋糕上使用了2次。读者可以自己设计出具有个人特色的藤蔓装饰）。最顶端的蛋糕装饰可以延伸到蛋糕顶端的上表面上。

7. 在防油纸上徒手画出叶片图案（如果没有把握的话也可以使用书后的叶片模板）并剪出叶片。参照蛋糕主图，用饰胶沿藤蔓将叶片固定在合适的位置上，注意将叶片粗糙面朝外放置。

8. 将裱花袋中装入蛋白糖霜，沿着藤蔓的痕迹挤出具有刺绣效果的“毛糙”的线条（参见P14“毛糙的挤花技巧”）。在每段藤蔓末端挤出小叶片（如图D），方法是先挤出小叶片的轮廓，然后在轮廓内部用“之字形”挤花的方式将叶片填满。然后用挤花的方式将大的糯米纸叶片和花朵的轮廓描画出来，描画时注意叶片和花朵的细节部分（如图E）。

9. 接下来用蛋白糖霜在底层蛋糕色彩分界线沿水平方向挤出一组3个的小花装饰。操作时，手法是由内而外的挤出泪滴形花瓣，再将裱花嘴拉回到花瓣中央完成1片花瓣的描画（如图F）。

10. 使用花朵形打孔器和糯米纸压出大约50个小花朵（参见P19“糯米纸的使用技巧”）（如图G）。用少量饰胶将小花朵粘贴在蛋糕上。

11. 将适量的珍珠白光泽亮粉在酒精中或者柠檬汁里溶解，用小画笔沾取颜料给所有的蛋白糖霜线条涂色（所有的藤蔓和花卉轮廓）。

小建议

挤花部分不需要挤出完美顺滑的线条。挤花时可以试着挤压出稍多量的蛋白糖霜，然后使用点压的方法做出毛糙的具有刺绣效果的线条。

A

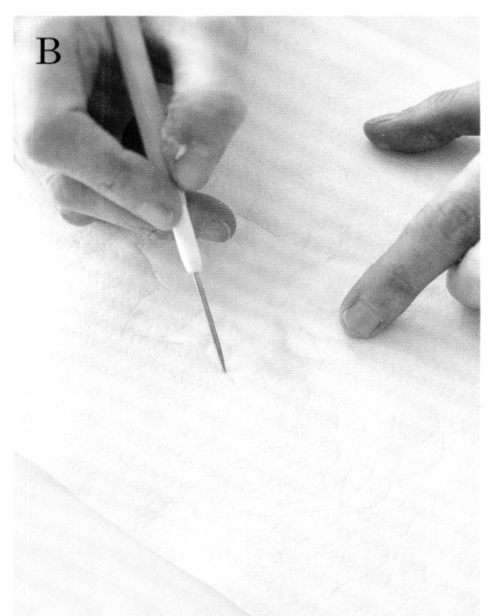
B

C

D

E

F

G

小建议

使用饰胶粘贴糯米纸小花时容易使糯米纸变皱。粘贴时用手在蛋糕粘贴处轻轻按住花瓣，几秒钟后花瓣即可粘贴牢固。

12. 蕾丝贴花的制作使用了干佩斯。取适量奶油色干佩斯擀薄，在压花模具的表面涂抹珠光白色亮粉。将干佩斯放入模具里并扫上亮粉，稍用力按模具顶端。仔细地将模具周围多余的干佩斯去掉，取出模具中的蕾丝花朵并静置晾干（参见P11“模具的使用”）。重复上述操作制作出另外7朵蕾丝贴花。

13. 取淡褐色干佩斯和雏菊模具按照步骤12做出雏菊蕾丝贴花。

14. 将白色干佩斯放入V形花枝模具最末端的小花朵模具中，按照步骤12做出小的装饰花朵（如图H）。仔细去掉花朵轮廓周围多余的干佩斯。

15. 用食用胶将蕾丝贴花粘贴在蛋糕上。在大朵的贴花中心用食用胶粘合食用亮片做装饰。食用亮片可以用蕾丝粉和亮片模具制作（参见P19“可食用装饰亮片”），或者直接使用市售的可食用亮片。在小的蕾丝贴花中心粘贴微型珍珠糖豆。

16. 最后在蛋糕底盘的侧面缠绕一圈白色缎带并粘贴固定（参见P113“为蛋糕和蛋糕底盘装饰缎带”）。另外可以将每层蛋糕之间的缝隙用挤花的方法将浅咖啡色翻糖挤出填补，事先用浅咖啡色的翻糖做出“翻糖糊”（参见P114“翻糖糊挤花技巧”）。

H

特制迷你蛋糕

图中展示的小巧别致的迷你蛋糕的装饰，采用了与前述大蛋糕相同的装饰技巧。蛋糕上使用了焦糖色的挤花装饰和描画的叶片，在白色的糖皮表面产成了引人注目的装饰效果。蕾丝贴花的运用又为整个蛋糕增添了几分时尚的元素。

你需要准备

- 圆形迷你蛋糕（参见P116“迷你蛋糕”）表面贴合一层白色糖皮（翻糖）
- 焦糖色蛋白糖霜（参见P120“蛋白糖霜配方”）
- 小号裱花袋和1号尖头裱花嘴
- 棕色可食用色膏
- 使用模具做出的蕾丝贴花（参见“爱之设计”蛋糕制作步骤12~14）

取焦糖色蛋白糖霜在蛋糕的正面和后面从蛋糕底端向上挤出一道优美的曲线作为藤蔓，可以参考本页图片所示进行描画。可以将藤蔓向蛋糕顶端延伸至蛋糕的上表面。将棕色可食用色膏用水稀释，使用画笔沾取颜料直接在藤蔓上画出叶片。此处没有采用糯米纸描画的方法，而是在蛋糕表面直接画出所需的图案。接下来使用裱花嘴在藤蔓末端挤出小的装饰叶片，在空白处挤出小花朵和藤蔓的细节，制作方法与前述大蛋糕的装饰方法相同（参见“爱之设计”蛋糕制作步骤8~9）。最后在蛋糕表面用食用胶装饰几朵蕾丝贴花。

华丽的模板印花蕾丝风格

用一些复杂的蕾丝图案装饰蛋糕通常是一件非常耗时的工作，特别是那些按照一定特殊要求定制的蕾丝装饰蛋糕则更加费时费力。不过如今市场上出现了越来越多的辅助蕾丝装饰产品，例如前述种类繁多的糖蕾丝产品，可以简化蕾丝装饰的制作程序。本节介绍的蛋糕蕾丝模板则是另一种蛋糕装饰工具，使用蕾丝模板可以非常方便快捷地做出精巧的、有较强细节感的蕾丝图案。为了使整个蛋糕的设计更加生动，在底层蛋糕下部特别做出一条具有扇形边界的淡紫色区域，并将蛋糕底盘也做淡紫色装饰，同时在模板印花的装饰部分添加了细节修饰，最后在整个蛋糕的蛋白糖霜装饰部分涂刷金色亮粉以增添光泽效果。

你需要准备

原料

- 10厘米（4英寸）方形蛋糕，高度10厘米（4英寸）
- 15厘米（6英寸）方形蛋糕，高度11厘米（4.25英寸）
- 20厘米（8英寸）方形蛋糕，高度11.5厘米（4.5英寸）
- 28厘米（11英寸）方形蛋糕，高度11.5厘米（4.5英寸）（参见P103“蛋糕份量指南”），每层蛋糕表面均贴合一层非常浅的暗粉色糖皮（翻糖）（参见P112“为蛋糕表面贴合糖皮”）
- 35厘米（14英寸）方形蛋糕底盘，表面贴合非常浅的暗粉色糖皮（参见P114“为蛋糕底盘贴合糖皮”）
- 可食用色粉：粉色、紫色和珍珠白色色粉混合溶解于高浓度食用酒精中（酒精含量95%以上）做出淡紫色颜料；或者将浅粉红色、紫色和珍珠白色气笔颜料混合成淡紫色颜料
- 金属光泽色粉：珠光白色、金色
- 蛋白糖霜（参见P120“蛋白糖霜配方”）：半份湿性打发的焦糖色蛋白糖霜（本书使用了Sugarflair品牌的象牙色/焦糖色色膏）；1/4份原色蛋白糖霜
- 食用色膏或者液体色素：与上面三层蛋糕颜色相配的暗粉色（本书使用了Sugarflair品牌的暗粉色/酒红色色素）；与底层蛋糕颜色相配的暗紫色（用暗粉色与少许葡萄紫色混合而成）
- 食用酒精或者柠檬汁

工具

- 带有花枝和扇形花边的蕾丝模板（品牌为Zoe Clark的模板）
- 划线器
- 色粉刷：2把大号粉刷；1把中号粉刷
- 16根中空小木条，长度与每层蛋糕的高度相等（参见“多层蛋糕的组合”）
- 胶带
- 细毛画笔
- 3个小号裱花袋
- 尖头裱花嘴：1号1个，1.5号2个
- 1.4米（1.5码）长、1.5厘米（5/8英寸）宽的粉色缎带

1. 将带有扇形花边的蕾丝模板放在底层蛋糕的一边，用划线器在糖皮上做出扇形边记号（如图A）。重复上述步骤将另外3个边的扇形边描画出来。

2. 用1把大的色粉刷沾取淡紫色颜料在扇形边标记下方涂抹一薄层淡紫色（参见P21“画笔描画”）。淡紫色的颜料是用可食用色粉溶解在酒精（制成液态颜料）中制得，或者将气笔颜料混合制得。将蛋糕4个平面沿着扇形边均匀的涂成淡紫色，注意在涂色时应始终保持涂色手法呈水平方向涂抹（如图B）。

3. 使用同样的方法将蛋糕底盘表面外圈涂成淡紫色，涂色的范围为从每边向内5厘米（2英寸）宽的区域。涂色时注意画笔的涂抹应保持同一方向。待颜料完全干燥后，在蛋糕4边和底盘上进行第2次涂色。用同样的方法为蛋糕和底盘进行第3次涂色并晾干。

4. 另取1把大号干燥扁平色粉刷，粘取干的混有珠光白色亮粉的淡紫色色粉，仔细地涂在淡紫色的糖皮和蛋糕底盘上；使用干粉可以使蛋糕上呈现的颜色更加均匀，同时可以掩盖上色时产生的不均匀的条状痕迹（参见P21“干燥色粉和金属光泽亮粉”）。

5. 将小木条放入蛋糕中，在蛋糕底盘上将蛋糕组合起来（参见P115“多层蛋糕的组合”）。底层蛋糕使用7根小木条，20厘米（8英寸）蛋糕中需要使用5根，15厘米（6英寸）蛋糕中则需要使用4根。

6. 在一个小碗中轻轻地将焦糖色蛋白糖霜揉捏均匀并适当软化。在使用蛋白糖霜进行印花操作的过程中，可以使用湿的厨房纸巾盖在小碗上，以防止蛋白糖霜变干。

7. 将带有扇形花边的印花模板紧贴着底层方形蛋糕的一个侧面放置，注意按照扇形花边的位置放置，以确保模板放置在蛋糕左右正中间的位置（可以借助尺子）。将模板的两端用宽胶带遮盖并固定，应尽量使模板上的图案紧紧贴合蛋糕表面，特别应注意蛋糕的圆形转角处。模板的贴合程度可以保证蛋白糖霜的印花效果。接着将蛋糕放置稳定，用调色刀快速仔细地在模板上涂抹一薄层焦糖色蛋白糖霜（如图C）。（参见P12“模板的使用”）。

8. 接着迅速地用一把中等大小的湿的画笔将模板上蛋白糖霜自上而下的刷过，做出刺绣针脚的纹理效果。操作过程中根据需要可以将画笔清洁后再继续使用。（如图D）。

9. 小心地去除模板（如图E）。用一把湿的细毛画笔将蛋糕表面残留的多余碎屑除去，特别是在两端的位置。重复以上步骤将蛋糕的另外3个侧面相应的印出图案。每次在进行一个侧面印花前，应将模板清洁干净并擦干。

10. 为底层蛋糕上端的花朵图案印花时，使用了最小号的印花模板。将最小号模板用宽胶带将不需要的部分遮住并固定在蛋糕所需的位置上（如图F），注意此时应确保之前的扇形花边印花已经彻底干燥。按照本节蛋糕主图所示，将小号模板上保留的花朵图案按照步骤8的操作印在蛋糕表面。操作时使用一把中号扁平画笔涂刷蛋白糖霜，可以将相邻的花朵图案分开进行操作，以避免印好的花朵图案因没有彻底干燥而被接下来的操作弄脏。转角处的印花有可能出现图案不吻合的情况，这时可以先印出一部分花朵图案。最后用一把湿的细毛刷轻轻地去除多余的蛋白糖霜碎屑。

11. 用同样的方法可以为上面三层蛋糕做出印花。其中20厘米（8英寸）的蛋糕使用中号印花模板，15厘米（6英寸）的蛋糕使用最小号印花模板。顶层小蛋糕的印花图案则使用了与20厘米（8英寸）蛋糕相同的印花模板。

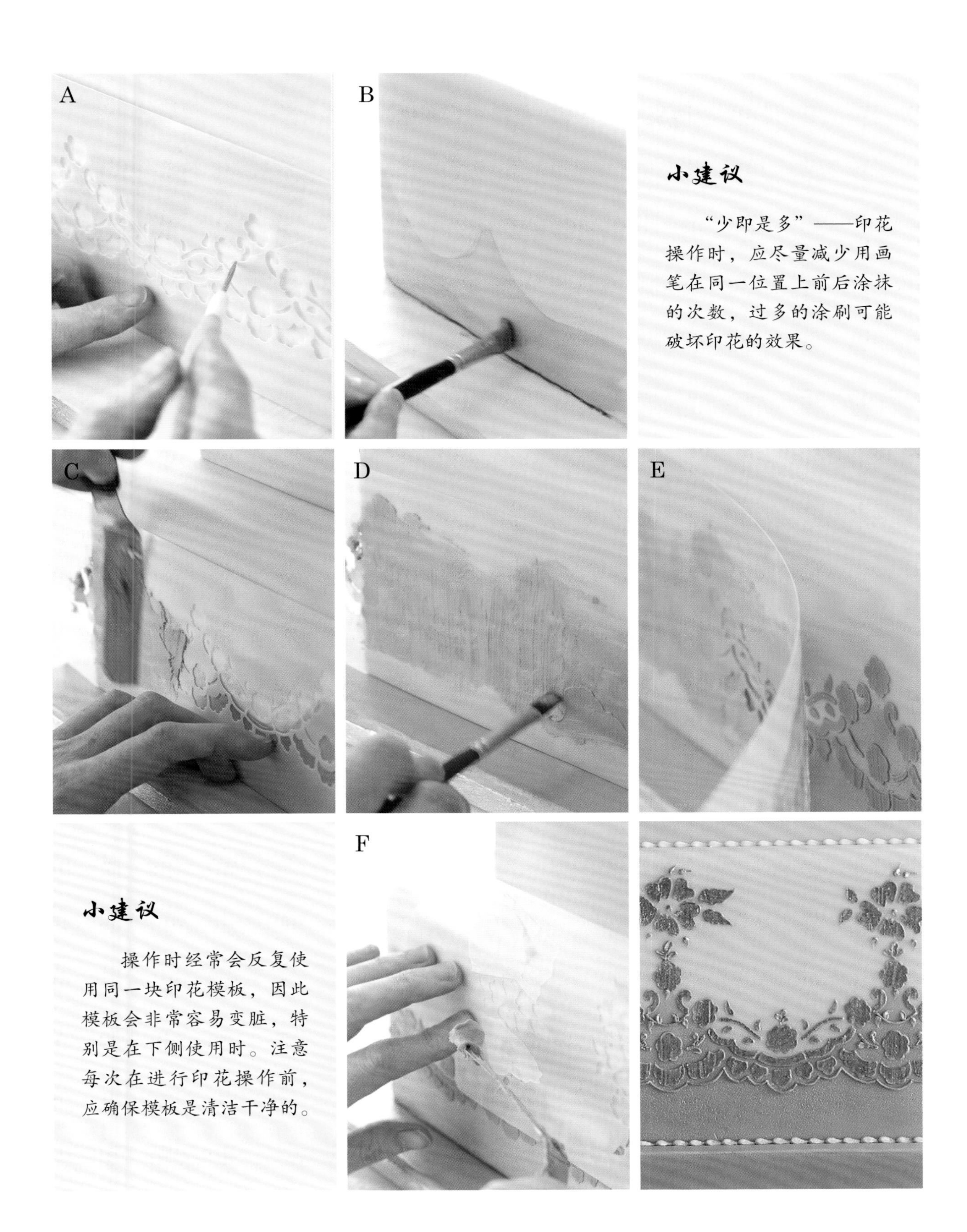

小建议

“少即是多”——印花操作时，应尽量减少用画笔在同一位置上前后涂抹的次数，过多的涂刷可能破坏印花的效果。

小建议

操作时经常会反复使用同一块印花模板，因此模板会非常容易变脏，特别是在下侧使用时。注意每次在进行印花操作前，应确保模板是清洁干净的。

12. 在裱花袋中装入湿性打发的焦糖色蛋白糖霜，用1号裱花嘴沿着底层蛋糕的扇形花边的最下端画出一圈小扇形（如图G）。接着参照蛋糕主图，在蛋糕上挤出装饰线条，包括花朵上方的细节、扇形花边底部的藤蔓等细节。

13. 在每层蛋糕上画出叶片图案。先在藤蔓两侧挤出小圆点，然后采用向上向外提起裱花嘴的操作手法做出叶片形状（如图H）。在花朵的中心挤出小圆点作为花心（如图I）。注意保证蛋糕转角处做出的图案是整洁干净的。

14. 将30毫升（2汤勺）蛋白糖霜中加入少许浅暗粉色食用色素并打发至湿性发泡，装入小号裱花袋中。用1.5号裱花嘴在上面三层蛋糕的底部沿蛋糕四周挤出一圈蜗牛花边（参见P121“蛋白糖霜的挤花技巧”）（如图J）。用同样的方法在最底层蛋糕的底边四周挤出一圈蜗牛花边，不过使用的蛋白糖霜的颜色替换为在蛋白糖霜中加入暗紫色色粉。

15. 取少量金色光泽色粉溶解在食用酒精中，用小画笔将颜料涂刷在所有挤出的蛋白糖霜图案上（如图K）。最后用粉色缎带装饰在蛋糕底盘侧面并固定好（参见P113“为蛋糕和蛋糕底盘装饰缎带”）。

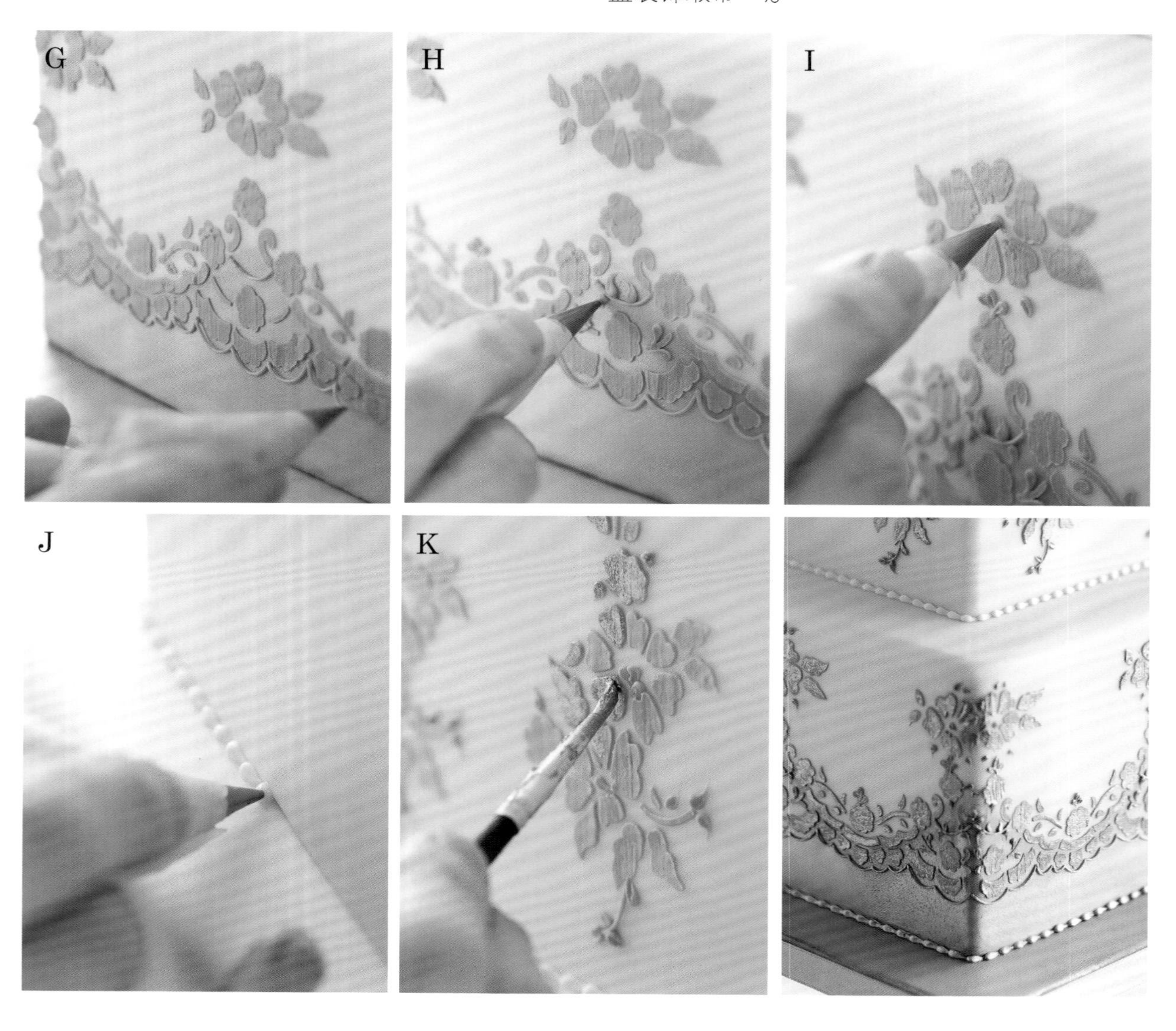

模板印花饼干

模板印花法可以快速简便地在饼干上做出具有复杂细节的图案。使用的饼干底可以事先贴合好一层糖皮，也可以直接用蛋白糖霜描画填充在饼干表面。本节使用了浅紫色蛋白糖霜，在饼干表面做出一组精致的花卉图案，并用珍珠糖豆做花心装饰以达到完美的装饰效果。

你需要准备

- 10厘米（4英寸）椭圆形饼干（参见P119“饼干的烘焙”），表面贴合浅暗粉色糖皮（翻糖）（参见P122“翻糖饼干的制作”），或者用蛋白糖霜填充在饼干表面（参见P122“蛋白糖霜饼干的制作”）
- 小号或者中号带有花朵和叶片图案的印花模板（品牌为Zoe Clark，特制模板）
- 质地硬实的湿性打发暗紫色蛋白糖霜
- 小珍珠糖豆
- 食用酒精

将模板上不需要使用的印花部分用胶带粘贴遮盖，留出需要的花朵和叶片部分用来印花。把模板放置在饼干中心合适的位置上，用调色刀将紫色蛋白糖霜涂抹在模板表面（参见“华丽的模板印花蕾丝风格”蛋糕制作步骤6~7）。移开模板并用一把湿的细毛画笔在图案表面自上而下轻轻涂刷，做出刷绣的纹理效果，同时将饼干上多余的蛋白糖霜碎屑扫掉（参见P12“模板的使用”）。

取少量蛋白糖霜或者食用胶将小珍珠糖豆在花朵中心位置固定粘牢。将一些浅紫色光泽色粉溶解在食用酒精里，并用画笔将颜料涂抹在印花图案上。

别致的花卉刺绣风格

本节展示的漂亮的方形三层装饰蛋糕可以称得上是完美的婚礼餐桌装饰物，或者是银婚纪念日宴会餐桌上的中心装饰品，跟单层或者双层蛋糕相比，看上去更加别具一格。蛋糕上的具有现代感的花卉蕾丝图案的制作采用了“之”字形挤花技法。与刷绣相比，这种方法制作时间较短，只需先画出图案轮廓，然后再采用“之”字形挤花将轮廓内填满即可。蛋糕上的装饰图案可以使用模板复制来完成，或者也可以在蛋糕上画出自己设计喜欢的图案。为了增强银色的装饰效果，蛋糕表面用气笔或者色喷在花卉底层先喷涂一层银色，并且还使用了银色金属亮粉修饰挤花线条。

你需要准备

原料

- 10厘米（4英寸）方形蛋糕，高度10厘米（4英寸）
- 15厘米（6英寸）方形蛋糕，高度13厘米（5英寸）
- 20厘米（8英寸）方形蛋糕，高度11.5厘米（4.5英寸）（参见P103“蛋糕份量指南”），每个蛋糕表面贴合一层白色糖皮（翻糖）并放置至少24小时（参见P112“为蛋糕表面贴合糖皮”）
- 25厘米（10英寸）方形蛋糕底盘，表面贴合一层白色糖皮（翻糖）并放置至少24小时（参见P114“为蛋糕底盘贴合糖皮”）
- 气笔颜料：银色、黑色与白色亚光和珠光混合（或者可食用银色色喷颜料）
- 半份蛋白糖霜（参见P120“蛋白糖霜配方”）
- 黑色食用色膏或者色胶
- 银色光泽色粉
- 食用酒精或者柠檬汁

工具

- 蕾丝设计模板（参见P123“模板”）
- 防油纸（烘焙纸）
- 铅笔
- 大头针
- 气笔（可选）
- 小号裱花袋
- 0号尖头裱花嘴
- 蛋糕划线器（可选）
- 8根中空小木条，长度跟每层蛋糕的高度相等（参见P115“多层蛋糕的组合”）
- 细毛画笔
- 长1米（40英寸）、宽1.5厘米（5/8英寸）的白色缎带

1. 在防油纸上描画出所需的蕾丝装饰图案。书后模板所提供的图案（参见P123“模板”）已经做成翻转的图案，可以方便使用者将图案直接印在蛋糕表面。也可以使用自己设计的图案，不过使用前要先将图案翻转。本节展示的蛋糕每层有两种设计图案，一种用于装饰前后两面，另一种用于两侧的装饰。

2. 将防油纸用大头针在蛋糕表面固定好，用铅笔描画蕾丝图案并将其转印到糖皮表面（参见P12“模板的使用”）（如图A）。描画时不需太用力，也可以用不连贯的线条进行描画。推荐使用“小破折号”法进行描画。全部转印完成后，仔细的将大头针和防油纸取出。可以看到在糖皮表面已经印出模糊的蕾丝图案。

3. 取宽度为3.25厘米（1.5英寸）的防油纸条围在底层蛋糕的最下端。根据情况将几张防油纸条接起来以便可以在底层蛋糕围成一圈。将纸条用大头针固定在蛋糕上，注意纸条应贴紧蛋糕表面。将气笔装好颜料后在底层蛋糕表面喷涂一薄层颜色，做出淡银色的光泽效果（参见P21“气笔和色喷”）（如图B）。可以用色喷代替气笔进行涂色。

4. 用气笔在中层蛋糕表面做喷色处理，使得中层蛋糕的颜色与底层蛋糕相同。在顶层蛋糕的顶端用宽度为3.25厘米（1.5英寸）的防油纸条围一圈，并用大头针固定。将顶层蛋糕的上表面用厨房纸巾或者普通白纸遮盖，并用大头针固定。用气笔将顶层蛋糕剩余的部分喷涂成淡银色。

5. 在蛋白糖霜中加入少许黑色食用色膏或者食用胶搅打均匀至蛋白糖霜呈灰色，此时蛋白糖霜呈硬实的湿性打发状态（参见P120“蛋白糖霜配方”）。将灰色蛋白糖霜装入小号裱花袋中，使用0号裱花嘴进行挤花操作。将裱花嘴尽量贴近蛋糕表面沿着图案轮廓仔细地描画。注意将蛋糕放在高度合适的位置上，挤花时应确保操作者的手臂保持舒适而稳定（如图C）。不用担心图案轮廓的首尾衔接是否顺畅，以及挤出的线条是否顺滑，其实略微毛糙的线条更具有针线刺绣的效果（参见P14“毛糙挤花技巧”）。所有的轮廓线挤花完成之后，可以在各处适当添加线条做出双轮廓线，以增加图案的细节感和逼真的蕾丝刺绣效果。

6. 完成所有的图案轮廓描画后，采用之字形前后挤花的方法将花朵、叶片和藤蔓内部填满（如图D）。快速地前后移动裱花嘴进行“之”字形挤花，注意此处不用追求完美的挤花效果。在叶片和花朵内部尽量采用横向而不是纵向的挤花方式，因此在挤花的过程中需要随时变化挤花的角度。将每层蛋糕的图案轮廓内部均填满“之”字形挤花。

小建议

为避免在蛋糕上转印图案产生混乱，可以为蛋糕的每一个侧面都做出一张模板。这样可以在转印时不会重复或者落下图案线段。

A

B

C

D

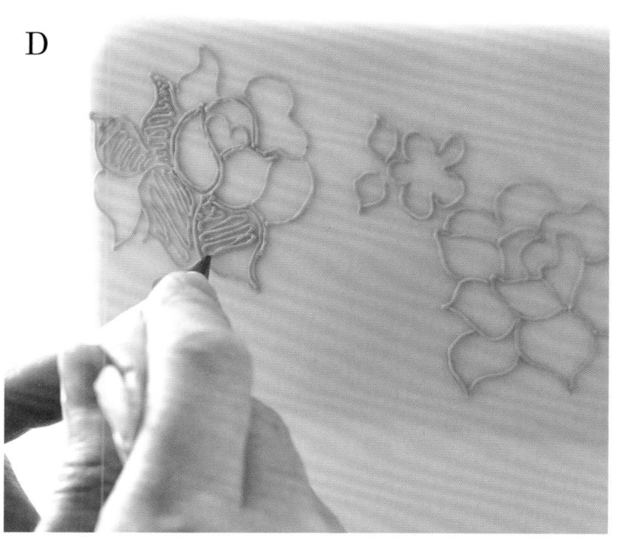

7. 接下来进行底层蛋糕最下端的扇形花边的挤出操作。使用蛋糕划线器或者大头针在蛋糕表面按2厘米（3/4英寸）的间隔做出一圈记号。挤出向下弯曲的扇形将记号连接成一道扇形花边。接着在扇形花边下方3～4毫米处挤出一道平行的扇形花边（如图E）。完成后，在两道扇形花边之间挤出稀疏的“之”字形“针脚”效果的线条。用同样的方法在顶层蛋糕的最上端做出扇形花边，注意顶端的扇形是向上弯曲的。可根据需要提前更换裱花袋。操作时应尽量将裱花嘴贴近蛋糕表面，以避免因重力作用造成蛋白糖霜滴落下来。

8. 在底层和中间层蛋糕内放置小木条，将上下三层蛋糕在蛋糕底盘上组合起来（参见P115“多层蛋糕的组合”）。裱花袋中装入软化的翻糖或者蛋白糖霜，仔细地将翻糖挤出填在每层蛋糕以及底层蛋糕与底盘之间的缝隙处（参见P114“翻糖糊挤花技巧”）。也可以在缝隙处挤出蜗牛花边（参见P121“蛋白糖霜的挤花技巧”）。

9. 将适量的银色光泽色粉溶解在食用酒精或者柠檬汁中，色粉溶液应该有一定的粘度以便于上色。用小画笔沾取适量的颜料轻轻涂刷在挤花图案表面（如图F）。最后用缎带装饰蛋糕底盘侧面并用食用胶固定（参见P113“为蛋糕和蛋糕底盘装饰缎带”）。

E

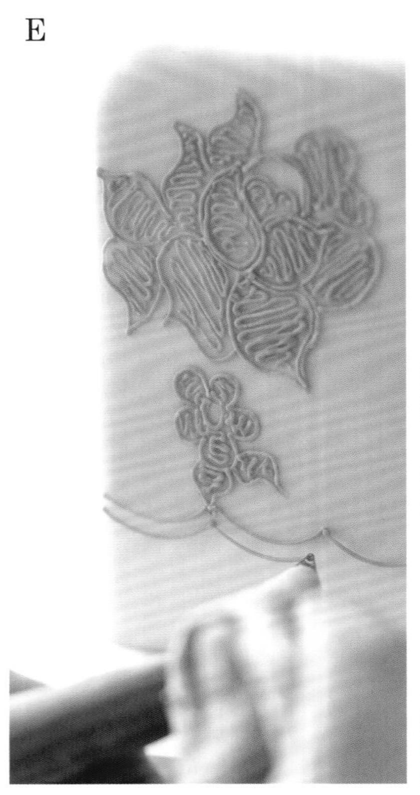

F

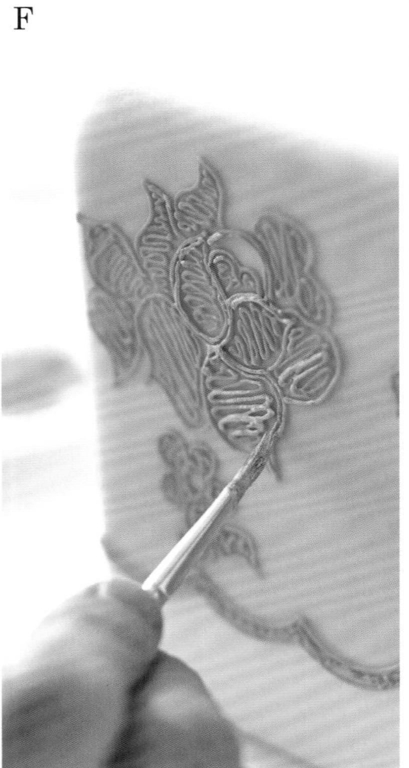

刺绣迷你蛋糕

本节展示的这些迷人的金色迷你蛋糕使用了与前述多层蛋糕相同的模板和装饰技法，同样使用了“之”字形挤花的方式做出刺绣的纹理效果。读者可以根据需要自己设计装饰图案的颜色，也可以尝试在杯子蛋糕表面贴合的糖皮上或者翻糖饼干表面进行挤花装饰。

你需要准备

- ✤ 方形迷你蛋糕（参见P116“迷你蛋糕”），表面贴合一层白色糖皮（翻糖）
- ✤ “别致的花卉刺绣蕾丝”风格设计模板（参见P123“模板”）
- ✤ 气笔，使用金色珠光气笔颜料（或者使用可食用色喷）
- ✤ 小号裱花袋，0号尖头裱花嘴
- ✤ 蛋白糖霜（参见P120“蛋白糖霜配方”）
- ✤ 象牙色食用色膏
- ✤ 金色光泽亮粉
- ✤ 食用酒精或者柠檬汁
- ✤ 金色缎带

取防油纸将模板上的小图案和花朵图案用铅笔描画下来并转印到蛋糕表面（参见P58“别致的花卉刺绣风格”蛋糕的制作步骤1～2）。用气笔或者色喷将蛋糕表面稍作喷涂上色。

取少许象牙色食用色素与蛋白糖霜混合均匀，装入小号裱花袋中。首先挤画出图案轮廓线，然后用“之”字形的挤花方式将轮廓内部填满（参见“别致的花卉刺绣风格”蛋糕的制作步骤5～6）。静置蛋糕直到挤出的图案彻底晾干。将金色光泽色粉溶解在酒精或者柠檬汁中，用小画笔沾取颜料轻轻地涂刷在蛋白糖霜线条表面。最后用金色缎带为每个小蛋糕底部做装饰并粘贴固定。

小花朵激光蕾丝风格

在对本书进行编写的过程中，作者无意中发现了这种与作者有相同名字的蕾丝，因此便将这种可爱的蕾丝装饰编入本书中。这种具有典型“佐伊”风格的蕾丝也被称为激光蕾丝，在服饰行业是一种非常新兴的设计风格。其特点是具有三维立体的花卉和刺绣蕾丝风格。织物上的装饰物使用了激光切割缎带制成，并在不同的织物上进行刺绣，产生了令人眼前一亮的装饰效果。在进行蛋糕装饰设计时，作者首先在每层蛋糕底部用干佩斯做出具有旋涡和滚轴效果的扇形花边，然后使用条形压模做出纤细的藤蔓装饰粘贴在蛋糕表面，再用挤花的方法做出叶片和一些刺绣效果的细节。最后在蛋糕表面添加糯米纸小花为蛋糕增添优雅的气息。

你需要准备

原料

- 10厘米（4英寸）方形蛋糕，高度10厘米（4英寸）；15厘米（6英寸）方形蛋糕，高度11厘米（4.25英寸）；20厘米（8英寸）方形蛋糕，高度11.5厘米（4.5英寸）（参见P103“蛋糕份量指南”），每个蛋糕表面贴合一层浅薄荷绿色糖皮（翻糖）（参见P112“为蛋糕表面贴合糖皮”）
- 28厘米（11英寸）方形蛋糕底盘，表面贴合一层淡薄荷绿色糖皮（参见P114“为蛋糕底盘贴合糖皮”）
- 1/2份蛋白糖霜（参见P120“蛋白糖霜配方”）
- 热熔胶和喷胶枪（可选）
- 100克（3.5盎司）白色干佩斯
- 2张A4纸大小的糯米纸

工具

- 蛋糕底盘：2个18厘米（7英寸）的方形底盘，2个13厘米（5英寸）的方形底盘
- 白色缎带：3.5米（3.75码）长、2.5厘米（1英寸）宽；115厘米（1.25码）长、1.5厘米（5/8英寸）宽
- 7.5厘米（3英寸）方形假蛋糕，高度20毫米（8英寸）
- 7.5厘米（3英寸）方形泡沫板，厚度5毫米（1/4英寸）
- 8根中空小木条，长度与每层蛋糕的高度相等（参见P115“多层蛋糕的组合”）
- 马德拉刺绣风格褶边切模（PME）
- 双边涡形切模（Stephen Benison）
- 切割轮
- 刺绣针脚工具
- 圆形切模：3.75厘米（1.5英寸）；3厘米（1.25英寸）
- 3毫米（1/8英寸）条状切模（no.1 Jem）
- 小号裱花袋，1号尖头裱花嘴
- 小花朵压花器：小花、雏菊、微型雏菊
- 花朵切模：小雏菊、小报春花、小立柱花朵压模套装（PME）
- 球形工具和海绵垫

1. 将2块18厘米（7英寸）的蛋糕底盘粘合在一起，用宽度为2.5厘米（1英寸）的缎带在底盘侧面缠绕两圈并用双面胶带固定。用同样的方法将2块13厘米（5英寸）的蛋糕底盘粘合并用缎带装饰。将粘合好的18厘米（7英寸）的蛋糕底盘放置在28厘米（11英寸）蛋糕底盘的正中心并用蛋白糖霜或者热熔胶粘合牢固（如图A）。注意，底部28厘米（11英寸）的蛋糕底盘表面应事先贴合一层薄荷绿色糖皮。用少量蛋白糖霜或者热熔胶将假蛋糕粘贴在方形泡沫板上作为顶层蛋糕的底盘，较小尺寸的蛋糕底盘不容易购得，因此需要自制。

2. 将小木条放入底层和中层蛋糕中，每层放入4个小木条（参见P115“多层蛋糕的组合”）。木条放置的位置要考虑上层底盘的大小，应将所有木条放置在上层蛋糕底盘的范围之内。将底层蛋糕放置在18厘米（7英寸）的双层方形蛋糕底盘上，将中层蛋糕放置在13厘米（5英寸）的双层方形蛋糕底盘上，将顶层蛋糕放置在自制假蛋糕底盘上。注意确保每层蛋糕放置在底盘正中的位置上，并用蛋白糖霜粘合固定。

3. 将适量的白色干佩斯擀成薄片。用褶边切模将干佩斯切出足够数量的宽度间隔为5毫米（1/4英寸）的平行扇形褶边。使用如图所示的褶边切模则大约需要切出14片褶边（如图B）。仔细地将褶边用少量的食用胶粘合在每层蛋糕的底端，并缠绕蛋糕一圈。

4. 另取适量的白色干佩斯擀薄，用双边涡形切模切出涡形装饰花边，用于装饰每层蛋糕的底部。首先做出8组涡形花边装饰底层和顶层蛋糕，用双边涡形切模可以切出对称的一组涡形花边。涡形花边的装饰位置在底层和顶层蛋糕每面的中间位置。

5. 用切割轮修剪涡形花边的漩涡（如图C）。取少量食用胶将修剪好的涡形花边贴合在蛋糕表面，贴合时将大的漩涡向下，小漩涡向上。用刺绣针脚工具在涡形花边表面压出装饰性纹理，也可以在粘贴之前完成刺绣压花纹理（如图D）。

6. 中层蛋糕和底层蛋糕转角处的涡形装饰图案相同，制作方法是将适量的白色干佩斯擀薄，用大号圆形切模切出4个大圆片，再用小号圆形切模将圆片中央部分切除。将做好的圆环一切为二，再将半圆环的两端按照图片所示切出一个尖角（如图E）。

7. 使用一组两个的双边涡形花边切模切出8个涡形花边，用切割轮将涡形花边上的大漩涡切除。用刺绣针脚工具在每片花边上轻轻按压作出刺绣纹理。将半圆环贴合在中层蛋糕底部中央以及底层蛋糕转角处，在将小涡形花边贴合在半圆环的两侧（如图F）。将8片大的漩涡状涡形花边装饰在中层蛋糕的转角处。将涡形花边组合在一起时，可以根据实际情况事先将花边接缝处略作修剪，以便两部分花边可以自然的对接起来。

8. 具有刺绣效果的藤蔓也使用了干佩斯来制作。将适量白色干佩斯擀成薄片，用条状切模将干佩斯切成长度为15厘米（6英寸）的小细条（如图G）。用食用胶将做好的藤蔓粘合固定在蛋糕表面所需要装饰的位置上。粘贴时可以根据需要随时修剪藤蔓的长度（如图H）。顶层蛋糕每面装饰有2条藤蔓，中层蛋糕每面装饰有2条藤蔓，底层蛋糕每面装饰有4条藤蔓。顶层蛋糕的藤蔓可以一直向上延伸至上表面中心与其他各侧面的藤蔓在顶部汇合。中层和底层蛋糕的藤蔓向上延伸至上一层蛋糕底盘的边缘。

9. 在裱花袋中装入湿性打发的蛋白糖霜，仔细地在蛋糕表面挤出余下的其他各条藤蔓（如图I），操作时可以参照蛋糕主图所示的藤蔓来进行挤花操作。

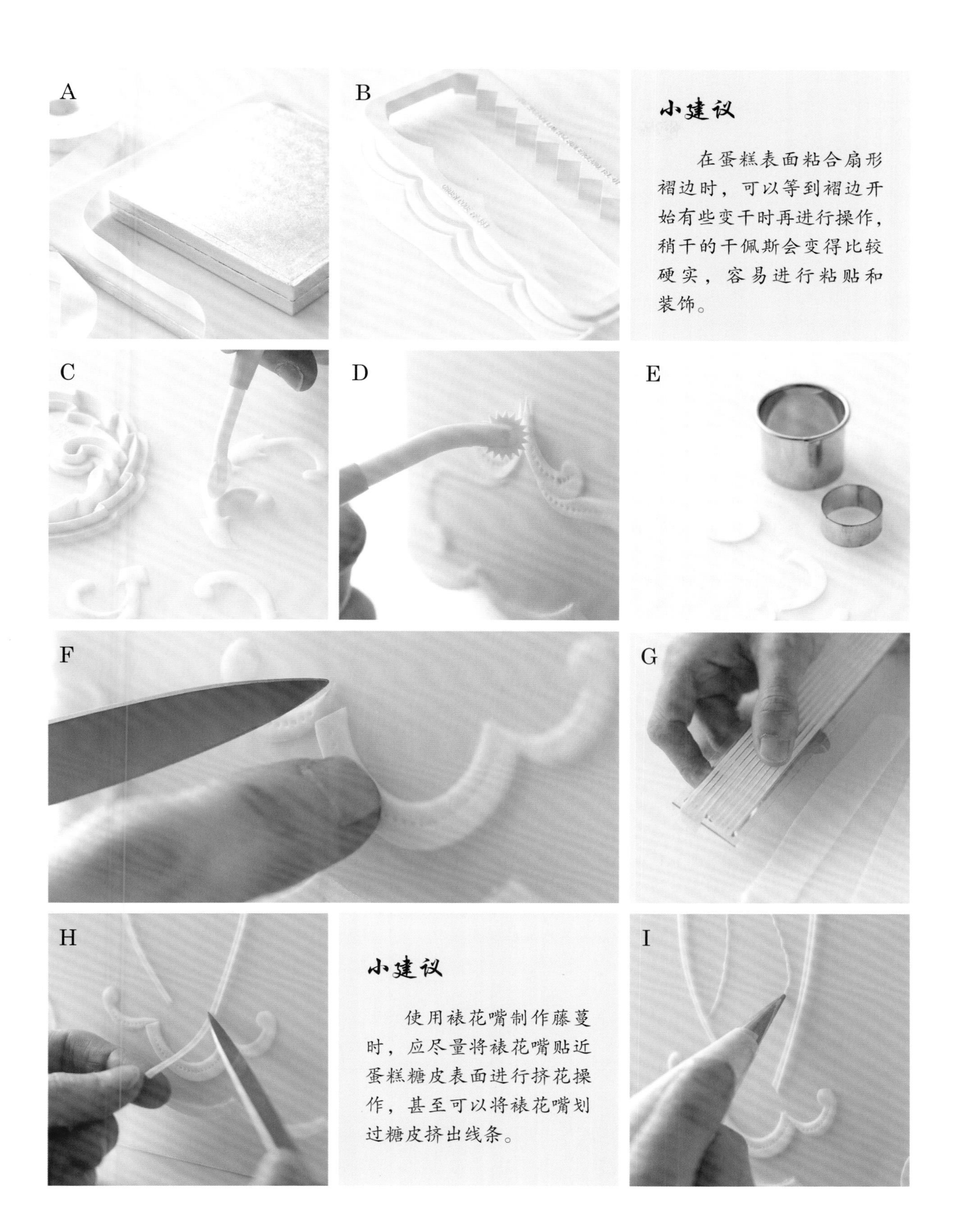

小建议

在蛋糕表面粘合扇形褶边时，可以等到褶边开始有些变干时再进行操作，稍干的干佩斯会变得比较硬实，容易进行粘贴和装饰。

小建议

使用裱花嘴制作藤蔓时，应尽量将裱花嘴贴近蛋糕糖皮表面进行挤花操作，甚至可以将裱花嘴划过糖皮挤出线条。

10. 用挤花的方式沿着每层蛋糕底端的扇形褶边挤出一道花边，然后迅速用一把湿的小画笔将挤出的蛋白糖霜向下轻轻涂刷，做出刷绣的效果（如图J）。注意每次只挤出一小段花边后即立刻进行刷绣，以避免蛋白糖霜变干（参见P15“刷绣的使用”）。挤花的同时可以将花边的接口和缝隙一并进行弥补。接下来在藤蔓的两侧挤出小叶子轮廓，并用湿的小画笔轻轻向内涂刷将叶片填满（如图K）。

11. 用压花器在糯米纸上压出8朵小花、8朵雏菊和80朵微型雏菊（如图L）。用微量食用胶将这些糯米纸花朵粘贴在蛋糕表面，注意食用胶的过量使用可能导致糯米纸融化。留出一些微型雏菊用来做报春花花心。

12. 取适量的白色干佩斯擀薄，用花朵切模做出16朵报春花、16朵雏菊，用小立柱压花套装做出以下大小不等的花朵：16朵大号花朵、24朵中号花朵、大约100朵小号花朵。将花朵放在泡沫垫上，用球形工具按压花瓣做出自然的弯曲效果（如图M），将做好的花朵用食用胶粘贴在蛋糕表面。前面留出的微型雏菊粘可以贴在报春花中心作为花心使用。用1.5厘米（5/8英寸）宽的缎带装饰最下层蛋糕底盘侧面并用粘胶固定。需要注意的是，如果制作过程中需要移动蛋糕，应先将顶层蛋糕取下；然后再将顶层蛋糕固定在合适的位置上。顶层蛋糕固定之后，可以根据需要将蛋糕底部的扇形花边做适当的修补。

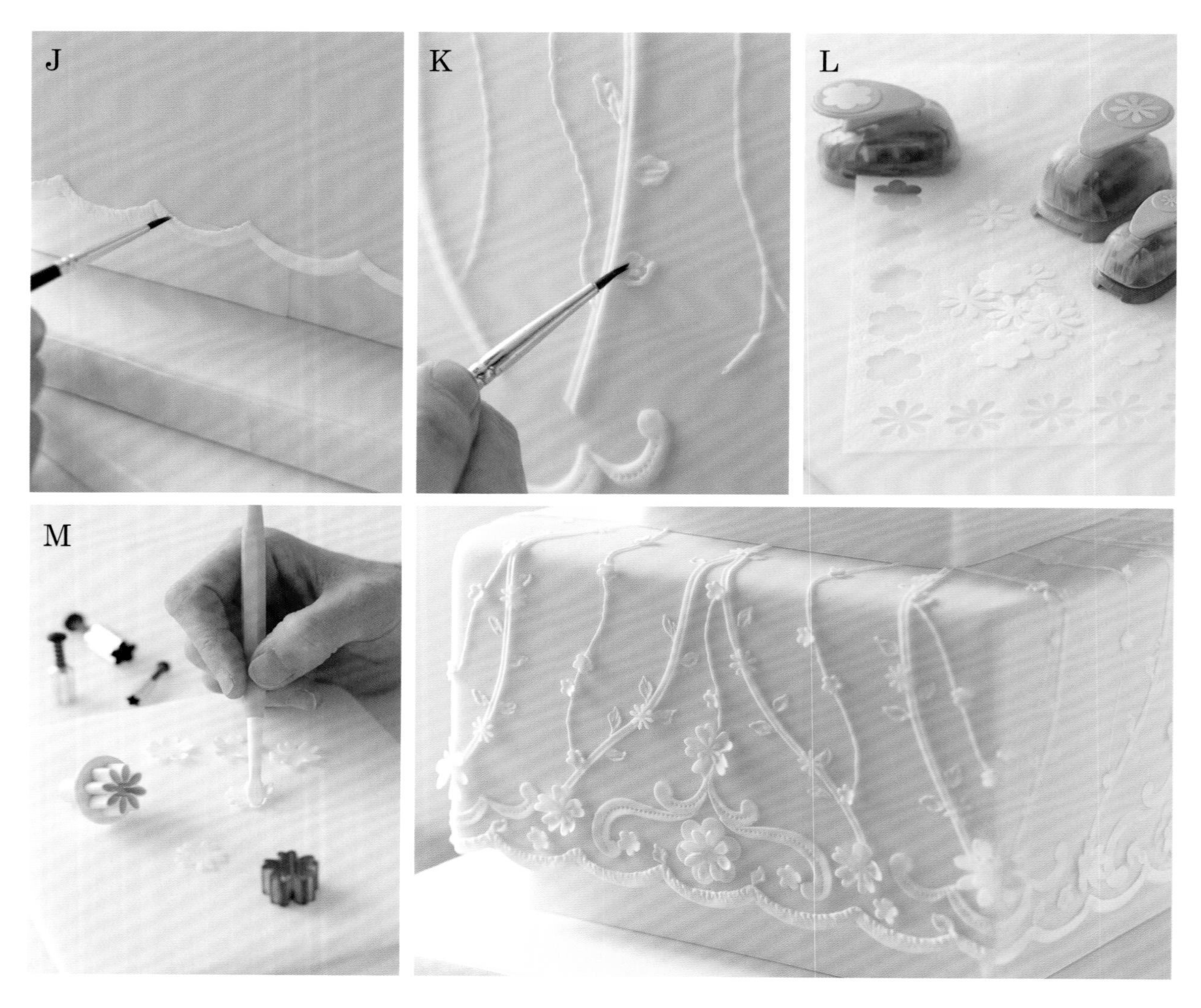

小花朵激光蕾丝饼干

本节中这些可爱的心形饼干，其装饰采用了与前述多层蛋糕相同的装饰方法，并且运用了多种技法相结合的手段。这些饼干作为结婚纪念礼物也是非常棒的选择。读者也可以根据自己的喜好，自行设计饼干的装饰图案，并根据饼干的形状来确定装饰细节。

你需要准备

- 心形饼干（参见P119“饼干的烘焙”），表面贴合一层淡薄荷绿色糖皮（翻糖）（参见P122“翻糖饼干的制作”）。也可以使用蛋白糖霜代替糖皮，首先用蛋白糖霜在饼干表面挤出饼干轮廓，然后在轮廓内部填满蛋白糖霜（参见P122“蛋白糖霜饼干的制作”）。
- 白色干佩斯
- 切模：马德拉刺绣风格直边褶形切模（PME）；小花朵切模
- 糯米纸
- 小花朵压花器
- 3毫米（1/8英寸）条状切模（No.1 Jem）
- 小号裱花袋，1号尖头裱花嘴，湿性打发的蛋白糖霜（参见P120“蛋白糖霜配方”）

扇形花边装饰饼干

首先参照本节多层蛋糕的装饰方法中的步骤3～7做出扇形装饰花边。注意根据饼干的大小相应的调整装饰花边的尺寸。接下来用压花器在糯米纸上压出所需的装饰花朵，然后用花朵切模和干佩斯做出小花蕾。最后用食用胶将所有的花朵和花蕾粘贴在饼干表面扇形花边的周围。具体装饰细节可以参考如图所示的装饰设计。

藤蔓装饰饼干

按照本节多层蛋糕的装饰的步骤8，用条状切模和白色干佩斯切出装饰藤蔓。另外一些细的藤蔓和叶片则可以采用挤花的方式完成。接下来做出糯米纸花朵和干佩斯花蕾。最后用食用胶将花朵装饰粘贴在藤蔓上。粘贴时可以参考如图所示的装饰设计。

蕾丝贴花和叶片风格

本节蛋糕的装饰灵感来自本书作者看到的一幅礼服的图片，礼服是由设计师奥斯卡德拉伦塔（Oscar de la Renta）设计的。图片所展示的连衣裙非常惊艳迷人，以至于作者马上就决定将这款礼服所使用的蕾丝风格复制到翻糖蛋糕的装饰制作中。这件礼服裙子的中间部分缀满可爱的花簇，由花朵组成的花簇自上而下倾泻而出；后面衬以带有明显纹理的薄纱网状织物，以及与服装配套的扇形蕾丝面纱，礼服上的所有装饰元素均体现在本节所展示的优美的四层蛋糕中。装饰蛋糕时使用了蕾丝垫、花朵切模和少量的挤花操作。底层使用了双层蛋糕底盘，以便可以将优雅的扇形花边完整的展示出来。

你需要准备

原料

- 13厘米（5英寸）圆形蛋糕，厚度11.5厘米（1.5英寸）
- 18厘米（7英寸）圆形蛋糕，厚度12厘米（4.75英寸）
- 23厘米（9英寸）圆形蛋糕，厚度13厘米（5英寸）；28厘米（11英寸）圆形蛋糕，厚度13.5厘米（5.25英寸）（参见P103“蛋糕份量指南”），每个蛋糕表面贴合一层象牙色糖皮（翻糖），并至少放置24小时晾干（参见P112“为蛋糕表面贴合糖皮”）
- 38厘米（1英寸）蛋糕底盘，表面贴合一层象牙色糖皮，放置至少24小时晾干（参见P114“为蛋糕底盘贴合糖皮”）
- 1/2份蛋白糖霜（参见P120“蛋白糖霜配方”）
- 食用酒精
- 3份白色蕾丝粉（Claire Bowman）（参见P16“糖蕾丝”）
- 100克（3.5盎司）白色干佩斯
- 白色珠光亮粉

工具

- 2个23厘米（11英寸）的蛋糕底盘
- 象牙色缎带：1.8米（2码）长、2.5厘米（1英寸）宽；1.25米（1.25码）长、1.5厘米（5/8英寸）宽
- 叶片脉络蕾丝垫（SugarVeil）
- 蒂芙尼蕾丝垫（Claire Bowman）
- 13根中空小木条，长度与每层蛋糕的厚度相等：底层蛋糕需使用6根，23厘米（9英寸）蛋糕使用4根，18厘米（7英寸）蛋糕使用3根
- 5瓣花朵切模：2.7厘米（1.125英寸）、3.25厘米（1.25英寸）、4厘米（1.5英寸）（Orchard Products或者PME）
- 多用花朵脉络纹理模具（FMM）
- 圆形切模：5毫米（1/4英寸）；7毫米（5/16英寸）
- 小号裱花袋、1号尖头裱花嘴

1. 将2个23厘米（11英寸）的圆形蛋糕底盘用蛋白糖霜粘合起来，干燥后用蛋白糖霜将粘好的蛋糕底盘粘贴在大号蛋糕底盘的正中央。大号蛋糕底盘表面事先贴合一层糖皮。接着用宽度为2.5（1英寸）厘米的象牙色缎带在双层蛋糕底盘的侧面缠绕2圈（参见P113“为蛋糕和蛋糕底盘装饰缎带”），并用双面胶带将缎带固定。

2. 用叶片脉络蕾丝垫和蒂芙尼蕾丝垫做出所需的糖蕾丝（参见P16“糖蕾丝”）。总共需要做出8～9片叶片脉络蕾丝和3片蒂芙尼蕾丝。

3. 在用叶片脉络蕾丝装饰蛋糕表面之前，首先在底层蛋糕表面涂刷适量的食用酒精。将蛋糕表面涂满一层食用酒精，但不可将蛋糕表面涂得过于湿润。然后用一张厨房纸巾轻拍蛋糕表面，使其变得略微干燥即可。否则蛋糕表面有可能因过量的食用酒精变得发粘。

4. 剪去整张叶片糖蕾丝的边缘部分，只留下叶片蕾丝部分用来装饰蛋糕。用手轻轻提起叶片蕾丝置于底层蛋糕的前侧，将蕾丝底边与底层蛋糕的底边对齐。把蕾丝仔细地盖在蛋糕表面，尽量避免弄皱蕾丝。在摆放蕾丝时可以不断修正，反复操作，直到蕾丝表面平整为止（如图A）。将蕾丝在蛋糕顶部覆盖并用剪刀剪去蕾丝重叠产生的折痕和褶皱（如图B）。

5. 取第2张叶片蕾丝修剪边缘后，继续盖在底层蛋糕表面。注意两片蕾丝的接缝处应保持干净整齐，不能留有缝隙。如果两片蕾丝有重叠，后续操作时可以将重叠部分修剪掉。用同样的方法修剪蛋糕顶面的蕾丝部分。接着重复同样的操作在蛋糕表面添加第3片蕾丝，并在蕾丝接缝处修剪掉多余的部分。全部完成后，放置晾干。重复上述操作步骤，在23厘米（9英寸）和18厘米（7英寸）的蛋糕表面装饰叶片脉络蕾丝。

6. 顶层蛋糕的装饰需要先裁剪叶片蕾丝。按照顶层蛋糕的厚度裁出大约包含3列叶片的蕾丝片。在放置叶片蕾丝时，不必将蕾丝盖到蛋糕顶面。按照上述步骤4～5将裁剪好的蕾丝放置在蛋糕表面装饰顶层蛋糕，多余的蕾丝部分用剪刀剪去。不用担心蕾丝的宽度与蛋糕是否完全匹配，略微不同的宽度并不影响装饰效果。

7. 把小木条放入蛋糕中，将蛋糕在双层蛋糕底盘上组合起来（参见P115“多层蛋糕的组合”）。

8. 将蒂芙尼糖蕾丝的底边部分剪去，只留下上面扇形花边部分（如图C）。用食用胶将扇形蒂芙尼蕾丝粘合在底层蛋糕的底部。注意控制食用胶的使用量，过多的食用胶会溶解糖蕾丝。

9. 装饰花朵的制作使用干佩斯制作完成。将白色干佩斯擀成薄片，用花朵切模切出规格大小不等的花朵，然后将花朵放入多用花朵脉络纹理模具中做出所需的纹理效果。每次使用模具前都要用画笔在模具表面扫入一些珍珠光泽亮粉（如图D）（参见P11“模具的使用”）。将做出的花朵暂时放入塑料套中保存，重复操作，做出所需数量的花朵。根据需要，不同大小的花朵总数大约为200朵。可以根据情况分两批或者三批做出。

10. 为了使花朵的装饰效果更加具有蕾丝刺绣的精致效果，使用5毫米（1/4英寸）的圆形切模将较小的花朵中心部分切除，用7毫米（5/16英寸）的圆形切模将另外两种稍大的花朵中心切除，一次可以连续进行适量花朵加工。然后用食用胶将切好的花朵粘贴在蛋糕表面。花朵在切除花心后花瓣是互不相连的，所以需要将花瓣一片片的分别在蛋糕表面粘贴成花朵形状。注意粘贴时应将花瓣之间留有空隙，并且在花朵中央留出圆形空间。将花朵主要集中粘贴装饰在18厘米（7英寸）的蛋糕表面上，向上层和下层蛋糕逐渐减少花朵的装饰数量。可以参照蛋糕主图所示的花朵装饰进行设计。

11. 在小号裱花袋中装入湿性打发的蛋白糖霜，用1号尖头裱花嘴在每朵花的中心挤出小圆点（如图E）。最后用1.5厘米（5/8英寸）宽的象牙色缎带装饰蛋糕底盘（参见P113“为蛋糕和蛋糕底盘装饰缎带”）。

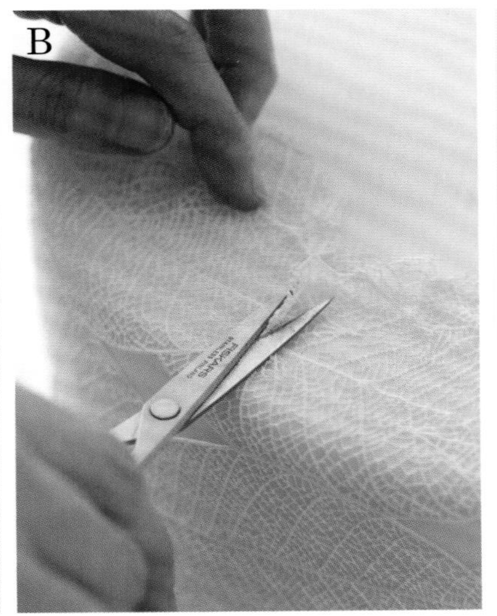

小建议

在修剪叶片蕾丝时不用担心修剪后的蕾丝两端图案不能吻合，叶片蕾丝上密集的图案实际上可以很好的掩盖任何不吻合的图案。

小建议

也可以保留花朵的中央部分以节省时间，后续可以将小圆点花心直接挤在花朵中心上。

花园新绿蛋糕

这个单层的高身蛋糕非常适合作为露天派对的餐桌装饰蛋糕，具有非常可爱的装饰效果。蛋糕上装饰有非常逼真的具有脉络纹理的翠绿色叶，这个蕾丝片是用SugarVeil牌的叶片蕾丝垫做出的。最后添加了使用模具做出的、带有生动的黄色花心的蕾丝花朵，为整个蛋糕带来完美的装饰效果。

你需要准备

- 18厘米（7英寸）的圆形蛋糕，高度15厘米（6英寸）（参见P103“蛋糕份量指南”），中间分层并夹有巧克力酱（参见P108“蛋糕的填馅和抹面”），表面贴合一层象牙色糖皮（翻糖）（参见P112“为蛋糕表面贴合糖皮”）
- 绿色蕾丝粉（此处使用了Sugarflair牌薄荷绿和醋栗色色膏）和叶片蕾丝垫（SugarVeil）（参见P16“糖蕾丝”）
- 食用酒精
- 干佩斯：白色、黄色
- 珍珠光泽亮粉
- 花朵/叶片硅胶蕾丝模具（CK）

叶片

取做好的一张叶片糖蕾丝，用剪刀将蕾丝片上的不同大小的叶片剪下（如图A）。操作时，以中心叶脉为准，在叶脉两侧对称的剪出叶片。可以自行决定所剪出叶片的大小。用少许食用酒精将叶片粘贴在蛋糕表面所需的位置上。蛋糕顶部可以集中装饰较多的叶片，向下逐渐减少叶片的装饰数量。

花朵

将白色干佩斯擀成薄片，并将花朵模具表面涂刷一层珍珠光泽亮粉（参见P11“模具的使用”）。把干佩斯薄片放入花朵模具的表面上，留出叶片的部分（如图B）。接着在干佩斯表面涂刷大量的光泽色粉，并将模具盖好并按压模具表面。仔细的去掉多余的干佩斯和花朵边缘多余的部分。重复以上操作，做出18朵花朵，并将花朵随意的粘贴在蛋糕表面。

花心的制作采用了黄色的干佩斯。将黄色干佩斯做成豌豆大小的小圆球并放置在花朵模具的中心（如图C）。按压后将花心用食用胶粘合在花朵的中心。

A

B

C

蕾丝皱褶和缎带风格

近年来，蛋糕装饰蕾丝的制作方法不断翻新，各种具有复杂图案和精美细节的蕾丝的制作方法也变得非常简便和快捷，不同水平和层次的使用者都可以方便地找到适合自己的蕾丝制作方法。其中蕾丝粉和蕾丝垫的出现，使得一些非常精美的糖蕾丝的制作变得异常简单。糖蕾丝轻薄柔软的特性不仅可以用来缠绕装饰蛋糕，还可以做出如图所示具有褶皱效果的装饰性围帘。层叠相间的浅粉色围帘和黑色蕾丝褶皱花边所形成的鲜明对比为整个蛋糕带来令人惊艳的装饰效果。此款蛋糕非常适合作为女孩子的派对用蛋糕。

你需要准备

原料

- 10厘米（4英寸）圆形蛋糕，厚度10厘米（4英寸）；15厘米（6英寸）圆形蛋糕，厚度11.5厘米（4.5英寸）；20厘米（8英寸）圆形蛋糕，厚度13厘米（5英寸），所有蛋糕表面贴合一层非常淡的浅粉色糖皮（翻糖）（参见P112“为蛋糕表面贴合糖皮”）
- 23厘米（11英寸）圆形蛋糕底盘，表面贴合一层黑色糖皮（参见P114“为蛋糕底盘贴合糖皮”）
- 蕾丝粉（Claire Bowman或者其他品牌）：3份黑色蕾丝粉，大约可以做出10片糖蕾丝；1份非常淡的浅粉色蕾丝粉，大约可以做出3片糖蕾丝（参见P16“糖蕾丝”）
- 食用酒精（可选）
- 干佩斯：150克（5.5盎司）淡粉色；100克（3.5盎司）黑色

工具

- Pavoni（no.4）蕾丝垫
- 脉络/褶皱按压棒（Jem）
- 23厘米长（11英寸）、1.5厘米（5/8英寸）宽的黑色缎带

1. 用蕾丝粉和蕾丝垫做出所需的糖蕾丝（参见P16“糖蕾丝”）。取一条黑色糖蕾丝用剪刀仔细地沿着蕾丝条的中心线将其一分为二（如图A）。用食用胶将剪好的蕾丝粘贴在中层蛋糕的底部。也可以用粉刷在蛋糕糖皮表面涂抹少许水或者食用酒精作为黏合剂。粘贴时需要将两端多余的蕾丝剪去。

2. 取浅粉色干佩斯擀成非常薄的、接近透明的薄片作为蛋糕围帘，围帘的尺寸大约为30厘米×6厘米（12英寸×2.5英寸）。擀好后将围帘的四边修剪平整，四边也不必完全平直和平行。底层蛋糕大约需要总共11～12片如上所做出的皱褶效果的围帘进行装饰。制作时可以先将剪切好的围帘放入塑料套中保存以防干燥。

3. 先取3片围帘，用褶皱按压棒在围帘薄片的一侧压出细褶，做出轻薄、柔软带有褶皱效果的花边（如图B）。接下来在底层蛋糕的下端合适的高度处涂刷一圈食用胶，将褶皱围帘粘贴上去。粘贴时可以将围帘稍作折叠做出自然的波浪效果（如图C）。完成第一片围帘的粘贴后，将第二片围帘按照同样的方法进行粘贴。注意两片围帘在接缝处可以稍作重叠，同时注意保持接缝处整齐干净。将下端装饰一圈围帘，修剪掉多余的部分并且稍作整理。剩下的围帘可以放在塑料套中保存。

4. 在底层围帘上方约2.5厘米（1英寸）的位置涂抹一圈食用胶，把黑色糖蕾丝粘合上去。总共大约需要粘贴3条黑色糖蕾丝可以完成一圈的装饰（如图D）。修剪掉多余的糖蕾丝。

5. 重复上述步骤3、步骤4各2次，做出蛋糕上端两层粉色和黑色的蕾丝装饰花边。在进行蛋糕顶端浅粉色装饰花边的制作时，可以先将浅粉色褶皱围帘的宽度适度修剪，使得围帘上端的一边正好可以紧挨着上面的中层蛋糕的底边一圈。制作时可以先将围帘轻盖在蛋糕表面，根据实际距离确定围帘所需的宽度；然后取下围帘，按所需的宽度进行修剪。再用食用胶将围帘粘合固定在蛋糕顶端。

6. 顶层蛋糕的蝴蝶结的制作可以按照如下步骤：首先将黑色干佩斯擀成长条状，尺寸为35厘米×7厘米（14英寸×2.75英寸），总共需要擀制3条。擀好后，用一把锋利的小刀将长条修剪整齐，注意两边应修剪成平行状。

7. 取1条黑色干佩斯片，用食用胶仔细地将1片浅粉色糖蕾丝粘合在干佩斯表面做成蝴蝶结花边。将蝴蝶结花边在蛋糕上缠绕一圈，并用适量的食用胶固定。在蝴蝶结花边的两端接缝处需向下捏合，捏合的接口位于蛋糕正面底边处。

8. 另取一条干佩斯片，截取长度为8厘米（3.25英寸）的黑色干佩斯条和浅粉色糖蕾丝，并仔细的用食用胶将两者粘合起来。将粘合好的蝴蝶结花边沿纵向折3次做成蝴蝶结中心节点。将裁剪剩余的干佩斯片和糖蕾丝粘合起来后，沿蝴蝶结花边两端向内对折，并在中央对折处捏合起来，做出蝴蝶结的形状。注意对折时应将有糖蕾丝的一面朝外。把蝴蝶结的中心节点在中央位置捏合缠绕，并用食用胶固定（如图E）。

9. 最后一条黑色干佩斯片和糖蕾丝起来用于制作蝴蝶结的尾部。将粘合好的花边一分为二，每条花边的一端捏合，另一端按照所需要的长度剪出斜边（如图F）。先将两条蝴蝶结尾部用食用胶粘合在蛋糕上，然后在上面粘上蝴蝶结头部。可以使用牙签帮助固定蝴蝶结，粘合牢固后再将牙签取下。最后用黑色缎带缠绕蛋糕底盘并用胶带固定（参见P113“为蛋糕和蛋糕底盘装饰缎带”）。

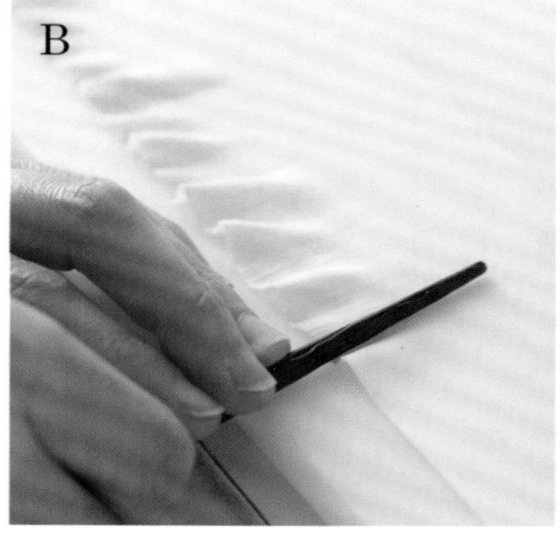

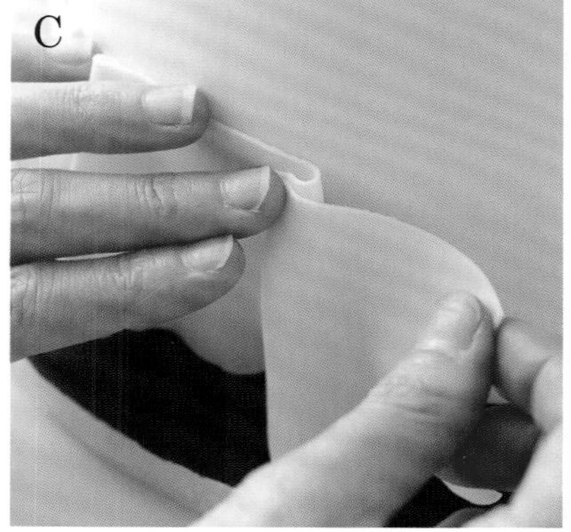

粘贴糖蕾丝时，可以根据需要在粘贴不牢固的地方随时添加食用胶。

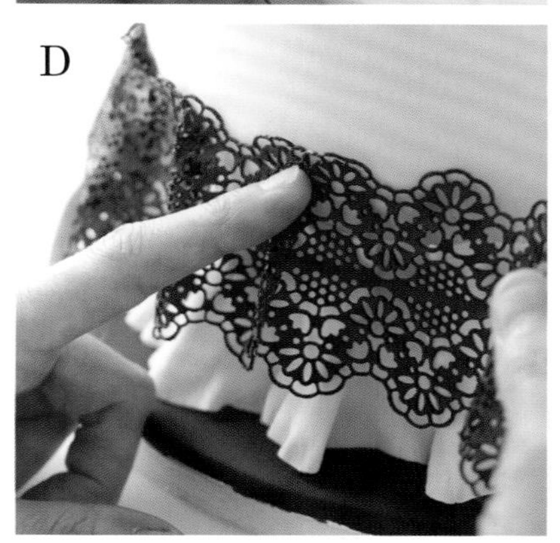

小建议

在蛋糕上粘贴蝴蝶结时，可以使用厨房纸巾作为支撑物帮助固定蝴蝶结。

缎带蕾丝和玫瑰花蛋糕

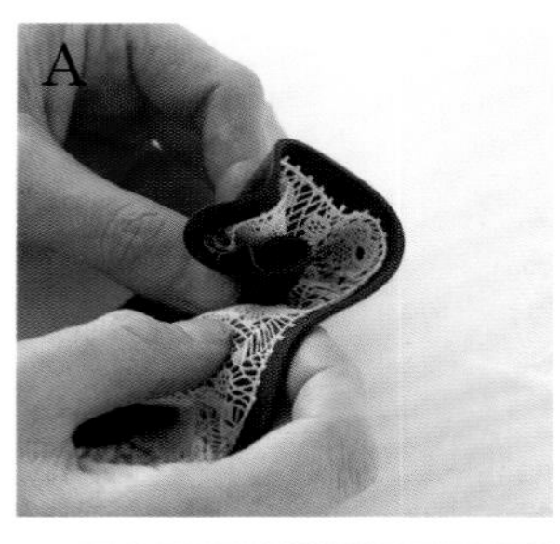

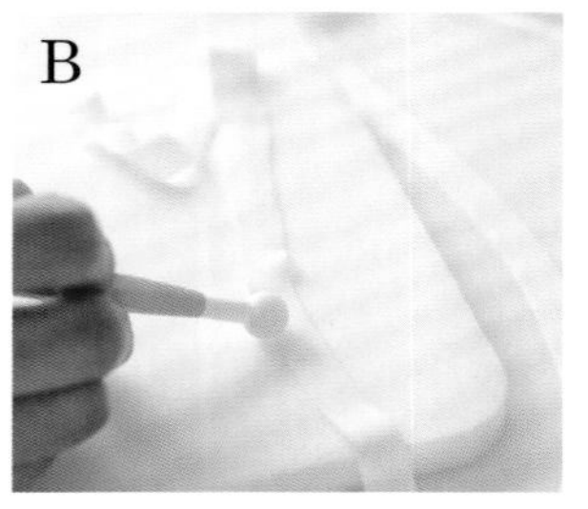

本节所展示的双层白色糖皮蛋糕，底层使用了看似杂乱、实际上非常精致的糖蕾丝，表面装饰了别致的玫瑰形花朵和玫瑰花簇。通过运用不同材质的装饰技巧带来不一样的装饰风格。初学者在制作缎带蕾丝时可能会花费大量的时间，不过随着制作经验的不断积累，制作也会变得越来越容易，并且做出的缎带蕾丝花朵的装饰效果也是十分出色的。

你需要准备

- 15厘米（6英寸）圆形蛋糕，厚度11厘米（4.25英寸）；20厘米（8英寸）圆形蛋糕，厚度14厘米（5.5英寸），蛋糕表面均贴合一层白色糖皮（翻糖）（参见P112“为蛋糕表面贴合糖皮”）
- 15厘米（10英寸）圆形蛋糕底盘，表面贴合一层白色糖皮（参见P114“为蛋糕底盘贴合糖皮”）
- 干佩斯：50克（1.75盎司）黑色；150克（5.5盎司）白色
- 白色蕾丝粉（Claire Bowman或者其它品牌）配合“玫瑰头纱”（Rose Mantilla）蕾丝垫（SugarVeil）使用，总共做出3张糖蕾丝（参见P16“糖蕾丝”）
- 食用酒精
- 宽度2.3厘米（7/8英寸）的条状切模（No.4 Jem）
- 缝合工具
- 球形工具和海绵垫
- 蛋白糖霜（参见P120“蛋白糖霜配方”）
- 长1米（40英寸）、宽1.5厘米（5/8英寸）白色缎带

糖蕾丝玫瑰花

将黑色干佩斯擀成薄片并裁成40厘米×5厘米（16英寸×2英寸）的长条。接着用白色糖蕾丝剪出尺寸相仿的蕾丝条，将蕾丝两边修剪整齐。在糖蕾丝上涂抹少许食用胶后粘合在干佩斯条上做出玫瑰花条。将玫瑰花条以揉捏和打褶的方法卷成玫瑰花的形状（如图A）。将卷好的玫瑰花在底部把干佩斯捏合起来，并去掉多余的部分。重复上述步骤做出另外两朵玫瑰花。静置干燥。

糖蕾丝

首先用糖蕾丝来装饰底层蛋糕。把白色糖蕾丝的底边修剪整齐，接着在蛋糕表面涂抹一层食用酒精，将糖蕾丝粘贴到蛋糕表面上。总共需要两片糖蕾丝为底层做装饰。在蛋糕背面蕾丝接缝处将蕾丝修剪整齐。

缎带蕾丝玫瑰花

将白色干佩斯擀成长度至少为38厘米（15英寸）的薄片，然后用2.3厘米（7/8英寸）的条状切模将薄片切成2.3厘米宽的长条形干佩斯缎带，缎带的长度为切模长度的两倍。接下来将缎带沿中心线一切为二。做好的缎带可以放在塑料套里保存。

取一条缎带放在海绵垫上，用球形工具在缎带两边按压，做出轻薄柔软的效果（如图B）。再用缝合工具沿缎带中心线做出缝线效果。将缎带沿中心线对折后卷出花朵形状（可以借助画笔的尾端帮助卷动）。操作时花心部分可以卷的紧一些，向外逐渐将缎带放松直至花朵外圈呈松散状态。留出3厘米（1.125英寸）的缎带在装饰蛋糕时压入相邻的花朵下面。把做好的缎带玫瑰静置干燥。

做出6～8朵玫瑰后即可用食用胶将花朵粘贴在蛋糕上。粘贴时应确保花朵的质地较为硬实且有一定的韧性，这样粘贴在蛋糕表面上可以较好地保持花朵的形状。总共需要大约36朵玫瑰花装饰底层28厘米（8英寸）的蛋糕。

另外需要做出6朵缎带玫瑰装饰蛋糕的顶面。将做好的缎带玫瑰放置稍干，从中线一分为二。将所有的半朵玫瑰花瓣朝外沿上层蛋糕的底边摆放一圈并用食用胶粘贴在蛋糕顶面上。需要注意的是，由于切割使得花瓣全部散开，在粘贴时应将花瓣在顶面组合起来并粘贴牢固。

收尾步骤

用少量蛋白糖霜将做好的黑色蕾丝玫瑰花粘贴在上层蛋糕上，并用黑色缎带缠绕在蛋糕底盘侧面并用胶带固定（参见P113“为蛋糕和蛋糕底盘装饰缎带”）。

现代粗线蕾丝风格

粗线蕾丝是当今最为常见的婚纱用装饰蕾丝之一，又称为阿郎松针绣蕾丝。粗线蕾丝使用了较粗的绣线或者具有光泽效果的纤维来绣出花卉的轮廓。结婚的新人常常把她们的婚纱蕾丝样本送给我作为设计婚礼蛋糕装饰的依据。如果蕾丝样本非常干净，并且大小尺寸适当，可以直接将蕾丝图案按压在蛋糕糖皮表面，压出蕾丝图案，如本章后面所展示的“优美的浮雕蕾丝杯子蛋糕”所采用的方法。或者可以将蕾丝图案用铅笔描画在防油纸上再转印到蛋糕表面，或者用挤花的方式将图案挤到透明塑料板上，再在蛋糕表面进行压纹，如本节所示。

你需要准备

原料

- 15厘米（6英寸）圆形蛋糕，厚度13厘米（5英寸）；20厘米（8英寸）圆形蛋糕，厚度15厘米（6英寸），蛋糕分层并填充奶油奶酪，表面用奶油奶酪进行抹面。也可以用巧克力酱代替奶油奶酪使用，并将蛋糕冷冻。
- 28厘米（11英寸）圆形蛋糕底盘，表面贴合一层白色糖皮（翻糖），并放置至少24小时（参见P114“为蛋糕底盘贴合糖皮”）。
- 1/4份湿性打发蛋白糖霜（参见P120“蛋白糖霜配方”）
- 1.25千克（2磅12盎司）白色翻糖
- 白色珠光气笔颜料或者金属光泽色喷
- 白色珠光亮粉
- 食用酒精或者柠檬汁
- A4纸大小的糯米纸

工具

- 模板：粗线蕾丝图案；花瓣（参见P123“模板”）
- 刚性硬塑料板：15厘米×26厘米（6英寸×10.25英寸）；10厘米×15厘米（4英寸×6英寸）
- 小号裱花袋3个
- 尖头裱花嘴：1号、1.5号和0号
- 德累斯顿脉络工具
- 气笔或者色喷
- 细毛小画笔
- 3根中空的小木条，长度与20厘米（8英寸）蛋糕的厚度相等（参见P115“多层蛋糕的组合”）
- 便携式蒸汽熨斗或者开水壶
- 112厘米（44英寸）长、1.5厘米宽（5/8英寸）的白色缎带

1. 底层蛋糕所使用的装饰图案可以采用P123模板章节所提供的图案，将粗线蕾丝图案用挤花的方式描画到大号硬塑料板上，也可以使用自己设计的图案在塑料板上直接挤出图案。挤花时在裱花袋中装入湿性打发的蛋白糖霜，使用1号尖头裱花嘴。将描画好的塑料板放置至少1小时，使得蛋白糖霜彻底变干变硬（如图A）（参见P12“模板的使用”）。

2. 将20厘米（8英寸）的蛋糕表面贴合一层白色翻糖（参见P112“为蛋糕表面贴合糖皮”）。接着使用德累斯顿脉络工具的尖头一端在蛋糕正面的糖皮上划出适量的纹路。操作时，用德累斯顿工具从蛋糕的左上端向右下端划过，做出衣物褶皱的效果（如图B）。可以将大多数的纹路按照相同的走向画在蛋糕的正面位置，少许纹路可以向下以及向蛋糕背面划出。

3. 将带有粗线蕾丝浮雕图案的塑料板仔细地在带有褶皱纹路的蛋糕糖皮表面按压，将图案转印到蛋糕上（如图C）。然后将蛋糕放置几小时或者过夜，使得糖皮彻底干燥，这样可以方便进行接下来的挤花操作。

4. 按照步骤1的操作方法将上层蛋糕所需要的蕾丝图案在小号塑料板上做出。将蛋白糖霜图案彻底晾干。

5. 将15厘米（6英寸）的蛋糕表面贴合一层白色翻糖，用德累斯顿脉络工具从蛋糕正面的左下角向右上角划出一组纹路，做出衣物褶皱的效果。将带有粗线蕾丝浮雕图案的小号塑料板按压在褶皱纹路位的位置上，然后将蛋糕放置至少24小时至糖皮变硬。注意：如果使用铅笔描画转印法（参见P12“模板的使用”），可以在糖皮较为柔软的时候先在糖皮表面做出褶皱纹路，然后将蛋糕放置至少24小时至糖皮变硬后，再将蕾丝装饰图案用铅笔转印法描画到蛋糕上。

6. 用装有白色珠光颜料的气笔或者金属光泽的色喷分别将双层蛋糕和蛋糕底盘的糖皮上喷涂一层亮粉。

7. 在裱花袋中装入适量的湿性打发的蛋白糖霜，用1.5号尖头裱花嘴仔细地将粗线蕾丝花卉图案内部的凹陷的褶皱纹路部分用挤花的方式填满。用手指将挤出的蛋白糖霜抹平。褶皱纹路的填补可以避免后续在进行花卉的刷绣时表面出现不平整现象。需要将两层蛋糕的所有花卉内部的褶皱纹路进行填补。

8. 接下来采用刷绣的技法完成粗线蕾丝图案的制作。首先用挤花的方式描画出一小部分粗线蕾丝图案的轮廓（如图D）。每次只挤出一小部分的蕾丝图案进行刷绣，否则挤出的蛋白糖霜很容易变干而影响刷绣效果。刷绣时，将挤出的蛋白糖霜轮廓线条用一把湿的画笔轻拍，或者由外向内涂刷蛋白糖霜轮廓，做出刺绣的效果（如图E）（参见P15“刷绣的使用”）。完成后即可进行下一部分的轮廓挤花操作。重复上述操作完成整个两层蛋糕的粗线蕾丝的刷绣。

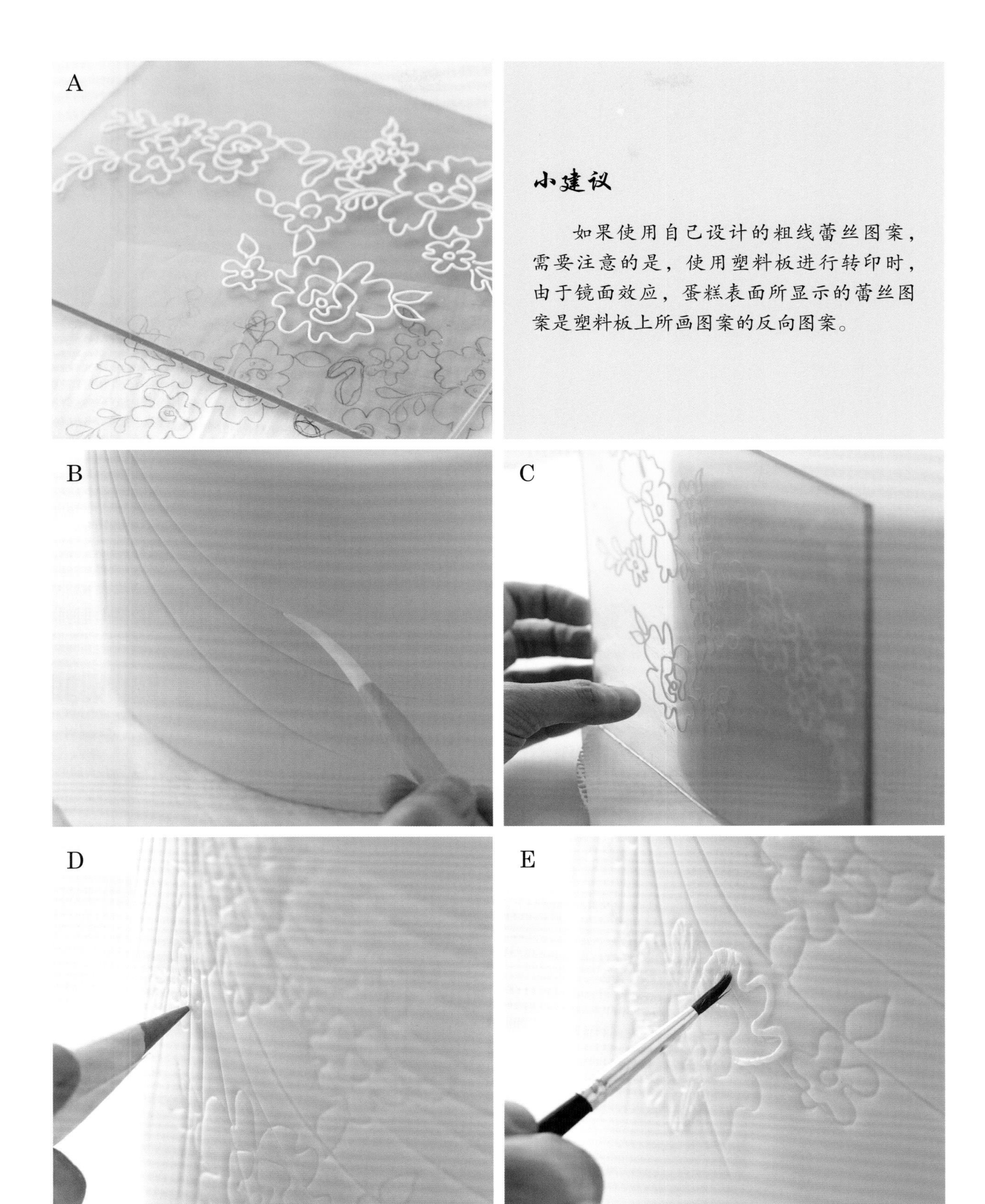

小建议

如果使用自己设计的粗线蕾丝图案，需要注意的是，使用塑料板进行转印时，由于镜面效应，蛋糕表面所显示的蕾丝图案是塑料板上所画图案的反向图案。

9. 在底层蛋糕中放入小木条并在蛋糕底盘上把两层蛋糕组合起来（参见P115“多层蛋糕的组合”）。

10. 将适量的珍珠光泽亮粉溶解在食用酒精或者柠檬汁中，用小画笔将颜料涂抹在粗线蕾丝图案上（如图F）。

11. 将湿性打发的蛋白糖霜装入裱花袋中，使用0号裱花嘴仔细地沿着蕾丝轮廓再次挤出轮廓线条（如图G）。挤出的线条不必太过顺滑，在操作时应尽量将裱花嘴贴近蛋糕表面，以免挤出的蛋白糖霜因重力而向下滴落。可以用湿的画笔在需要修补的地方稍作整理。

12. 糯米纸装饰花朵的制作使用了糯米纸条。首先用糯米纸剪出一个直径为18厘米（7英寸）的圆片，再参照书后模板中的图案剪出5片花瓣（参见P123“模板”）。

13. 用剪刀将圆片剪出螺旋形纸条，把中心圆环剪去（如图H）。

14. 在螺旋纸条靠近里侧的一边涂抹少许食用胶，注意应少量使用食用胶，以避免溶解糯米纸。从螺旋纸条的最外端开始将糯米纸向内卷起，做出卷片状纸玫瑰（如图I）。操作时应注意将花朵底部收紧做成一个平面的形状，推荐将花朵放置在一只手的大拇指上，而花朵顶部则按照材料的天然特性呈现出逐渐打开的自然状态。逐渐将纸条卷起，做成自然开放的花朵形状（如图J）。制作时可以根据需要随时涂抹食用胶。

15. 在每片花瓣的底部中央剪出一个小缝隙（如图K）。在底部缝隙的一侧涂抹少量的食用胶，与另一侧的花瓣部分重叠粘合在一起，同时将花瓣做出向内弯曲的自然弧度。用便携蒸汽熨斗或者开水壶的蒸汽将花瓣稍作熏蒸软化，将软化后的花瓣形状进一步整理做出较为自然的花瓣形状（如图L）。最后根据需要将每片花瓣再次整理，尽量做出玫瑰花瓣的形状。

16. 在花瓣底部涂抹少量食用胶，将所有花瓣以螺旋形的排列粘贴在花朵底部中心（如图M）。尽量将最后一片花瓣的一边放入第一片花瓣的里侧，不过也可以将两片花瓣的对边重叠放置（如图N）。

17. 用蛋白糖霜将做好的玫瑰花粘贴在蛋糕表面。如果做出的花朵最外层花瓣之间的缝隙较大，可以多做出一片花瓣添加在花朵上。最后用缎带装饰蛋糕底盘并用胶带固定（参见P113“为蛋糕和蛋糕底盘装饰缎带”）。

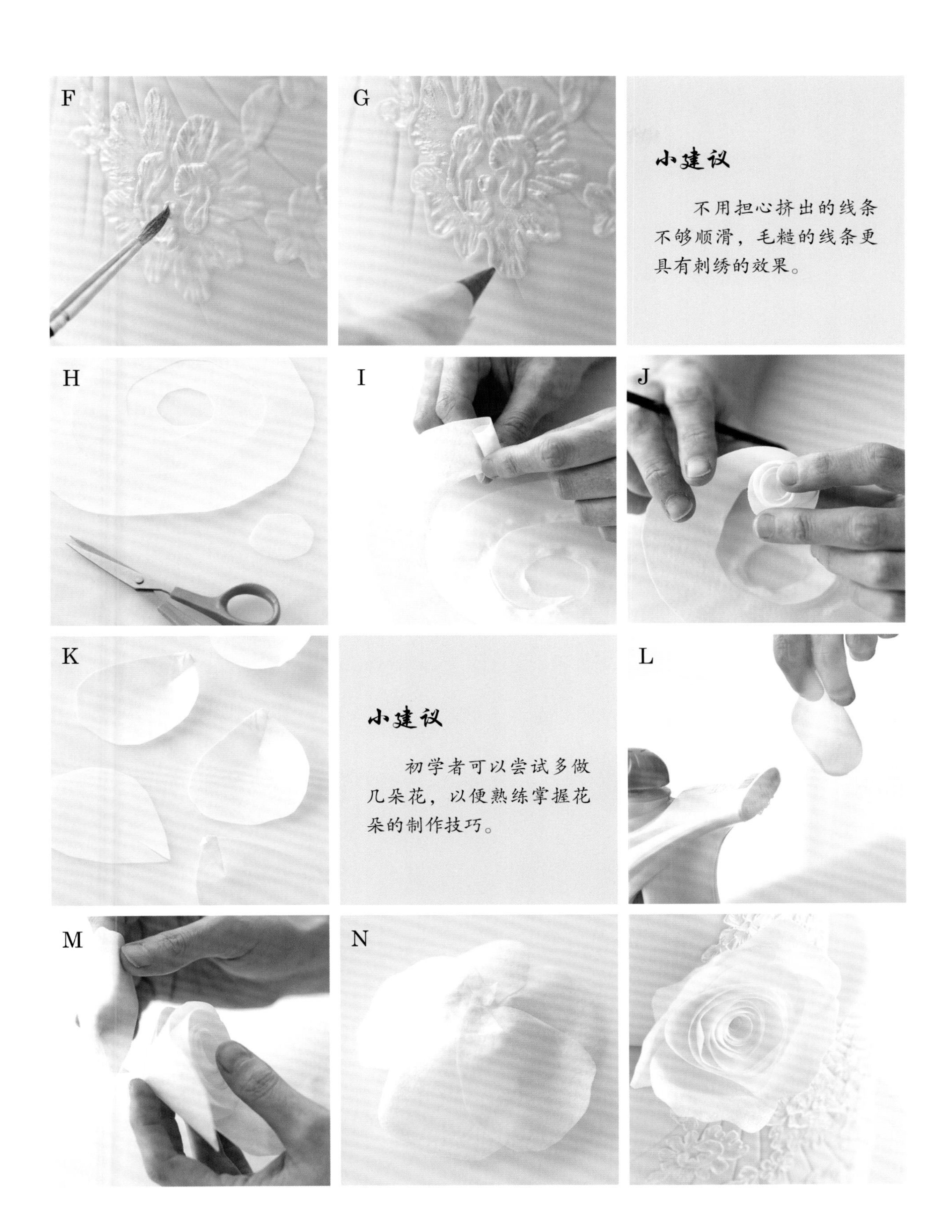

小建议

不用担心挤出的线条不够顺滑，毛糙的线条更具有刺绣的效果。

小建议

初学者可以尝试多做几朵花，以便熟练掌握花朵的制作技巧。

优美的浮雕蕾丝杯子蛋糕

本节展示的银色杯子蛋糕令人过目不忘，制作时可以使用蕾丝织物将图案直接印到蛋糕表面，也可以使用挤出的浮雕蕾丝图案转印到蛋糕表面。本例杯子蛋糕采用了与前述双层蛋糕相同的装饰技法，结合使用刷绣和挤花技法，做出精致的细节效果。

你需要准备

- 杯子蛋糕（参见P118“杯子蛋糕的烘焙”章节），使用银色金属蛋糕模，表面贴合一层新鲜的淡灰色糖皮（翻糖）（参见P118“翻糖杯子蛋糕”）
- 洁净的蕾丝织物或者自制的蕾丝浮雕模板
- 珍珠光泽色粉
- 食用酒精或柠檬汁
- 湿性打发的蛋白糖霜（参见P120“蛋白糖霜配方”）
- 裱花袋2个
- 尖头裱花嘴：1.5号、0号

将洁净的蕾丝织物（如图A）或者自制的浮雕蕾丝模板（参见P80“现代粗线蕾丝风格”蛋糕的制作步骤1）的蕾丝图案转印在杯子蛋糕表面的柔软的糖皮上（如图B）。

将珍珠光泽色粉溶解在食用酒精或柠檬汁中，用扁平的画笔将颜料涂刷在蛋糕表面的糖皮山。注意涂刷时要朝同一方向涂刷。杯子蛋糕的表面要尽量保持干爽。将蛋糕放置5分钟，然后重复涂刷一遍珠光颜料。根据需要可以再涂刷一遍颜料。

接下来在蛋糕表面进行刷绣和图案轮廓的描画（参见P80“现代粗线蕾丝风格”蛋糕的制作步骤8和步骤11），将湿性打发的蛋白糖霜装入裱花袋中，用1.5号尖头裱花嘴进行挤花和刷绣。最后用0号尖头裱花嘴进行图案轮廓的描画。

A

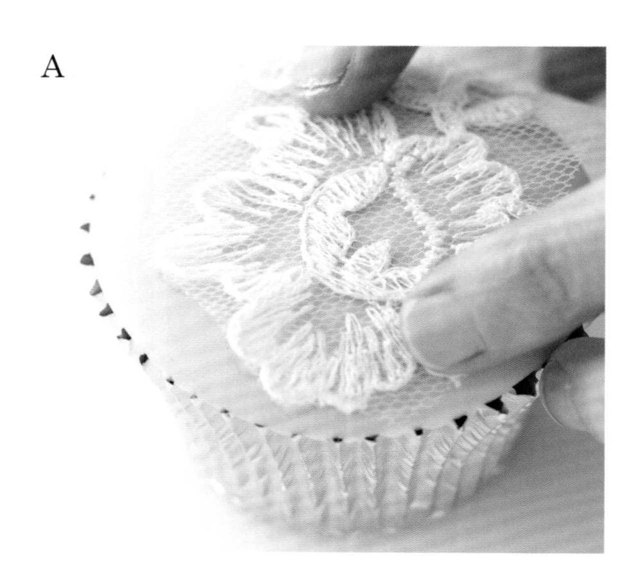

B

华丽的大花镂空蕾丝风格

大花镂空蕾丝又称为威尼斯蕾丝，是一种极其美丽的、古老的蕾丝种类。大花镂空蕾丝通常是由重复的花卉图案或者几何图案构成，图案之间由短的绣线相连，整个蕾丝的突出特点是具有很强的纹理效果。本节中展示的蕾丝蛋糕使用了不同的花朵做出贴花镂空蕾丝效果，制作时用花朵压模做出干佩斯贴花表面的刺绣纹理。此处所使用的花朵切模和压模数量和种类较多，在实际制作时可以不必使用如此大量的工具，用一半数量的工具也可以做出理想的装饰花朵。

你需要准备

原料

- 10厘米（4英寸）圆形蛋糕，厚度10厘米（4英寸）；28厘米（11英寸）八边形蛋糕，厚度13.5厘米（5.25英寸），两个蛋糕表面均贴合一层裸色糖皮（翻糖）（参见P112“为蛋糕表面贴合糖皮”），并且要用气笔将表面喷涂一层珠光香槟粉色（或者用白色珠光色喷在蛋糕表面轻轻喷一层颜色）（参见P21“气笔和色喷”）
- 15厘米（6英寸）圆形蛋糕，厚度13厘米（5英寸）；20厘米（8英寸）圆形蛋糕，厚度7.5厘米（3英寸），两个蛋糕表面均贴合一层浅象牙白色糖皮，并且喷涂一层白色珠光亮粉
- 35厘米（14英寸）圆形蛋糕底盘，表面贴合一层浅象牙白色糖皮（参见P114“为蛋糕底盘贴合糖皮”）
- 200克（7盎司）白色干佩斯
- 可食用白色色粉
- 1/2份蛋白糖霜（参见P120“蛋白糖霜配方”）

工具

- 12根中空小木条，长度与每层蛋糕的厚度相等（参见P115“多层蛋糕的组合”）
- 花朵切模：蕾丝花朵切模套装（Orchard Products）中的第二号大的切模；4.5厘米（1.75英寸）8瓣尖头雏菊切模；4厘米（1.5英寸）8瓣圆头雏菊切模；4厘米（1.5英寸）6瓣尖头雏菊切模；3.25厘米（1.25英寸）6瓣圆头雏菊切模；3.25厘米（1.25英寸）非洲茉莉切模；2厘米（0.75英寸）非洲茉莉切模；2厘米（0.75英寸）报春花切模；小花蕾切模（PME中最大的/勿忘我金属柱状切模）
- 硅胶贴花蕾丝压模：7.5厘米（3英寸）花枝压模；花朵压模（1482）；花卉图案压模（1601）；11.5厘米（4.5英寸）花朵压模（1026）（CK）；迷你雏菊压模（Decorate the Cake）
- 圆形切模：1厘米（3/8英寸）；1.5厘米（5/8英寸）
- 小号裱花袋、1号尖头裱花嘴
- 奶油色缎带：1.5米（1.625码）长、5厘米（2英寸）宽的蝴蝶结用缎带；1.4米（1.5码）长、1.5厘米（5/8英寸）宽的蛋糕底盘用缎带

1. 取小木条分别放入各层蛋糕中，在蛋糕底盘上将蛋糕组合起来（参见P115“多层蛋糕的组合”）。准备一些白色和裸色的翻糖糊，用挤花的方式将各层蛋糕底边与相邻蛋糕之间的缝隙填满（参见P114“翻糖糊的挤花技巧”）。

2. 取适量白色干佩斯擀成薄片，用蕾丝花朵切模切出19~20朵大号蕾丝花朵。

3. 在蕾丝花枝压模表面涂刷稍多量的可食用白色色粉，将做好的大号花朵放入压模中，在花朵表面压出蕾丝纹理（参见P11“模具的使用”）（如图A）。操作时只需要使用模具的下面底座部分即可。将大号蕾丝花朵任意粘贴在蛋糕表面，花朵之间应保持大致相等的间隔。

4. 接下来对整个蛋糕的装饰可以由上至下将装饰图案铺开进行，到底层蛋糕的上表面后，再继续向下适度延伸。将最后的4朵大号花朵任意粘贴在底层蛋糕的顶面，并由顶面边缘向下垂落下来。花朵之间保持一定的间隔，可以将大号花朵在蛋糕表面上下错落粘贴放置（参见P8“贴花”）。

5. 另取适量白色干佩斯擀薄，用花朵切模做出8瓣尖头和8瓣圆头雏菊各30朵。将做出的雏菊依次放入蕾丝花朵压模的中央位置，按压花朵做出表面蕾丝纹理。注意每次使用压模处理花朵之前，应确保压模表面涂有足够的可食用色粉（如图B）。

6. 用1厘米（3/8英寸）的圆形切模切出8瓣尖头雏菊的花心部分（如图C）。将所有的雏菊任意粘贴在蛋糕表面，花朵之间保持均匀的间隔。

7. 接下来用花朵切模做出25~30朵6瓣尖头雏菊。将雏菊依次放入蕾丝雏菊压模做出花朵表面的蕾丝纹理。注意每次使用前应确保压模表面涂刷稍大量的可食用白色色粉（如图D）。将6瓣尖头雏菊粘贴在蛋糕表面的蕾丝花朵之间的空白处。随着蛋糕表面粘贴的花朵不断增多，花朵之间的间隔变得越来越小，因此在添加花朵时，花朵之间会出现首尾相连的情况，甚至也可以将花朵稍作重叠粘贴起来。

8. 取适量的白色干佩斯擀薄后，用大号非洲茉莉切模和6瓣圆头雏菊切模做出非洲茉莉和6瓣雏菊各30朵。将做出的花朵依次放入蕾丝花枝压模中，按照上述步骤3在花朵表面压出蕾丝纹理（如图E）。

9. 用花卉图案压模中的2个花蕾部分和11.5厘米（4.5英寸）的花朵压模中的中心花朵部分做出适量的小花蕾（如图F）。每种花朵需要做出10朵。将做好的花朵以一定的间隔粘贴在蛋糕表面。

10. 继续用花朵切模做出小号报春花、小花非洲茉莉和小柱状花蕾各20朵，用圆形切模做出1厘米（3/8英寸）和1.5厘米（5/8英寸）的小圆片各20个。将11.5厘米（4.5英寸）的花朵压模表面涂刷稍大量的可食用白色色粉，将花朵和圆片依次放入压模中压出表面美观的纹理。可以将花朵放入模具的正中央，做出花心和花瓣的自然纹理效果（如图G）。

11. 将做好的小号花朵和圆片粘贴在蛋糕表面花朵之间的空隙处。可以根据具体情况决定小号花朵的粘贴数量。

12. 将蛋糕表面的装饰花朵粘贴完成后，取装有适量湿性打发的蛋白糖霜的裱花袋进行挤花操作。在圆片贴花的周围挤出一圈小圆点，同时在8瓣尖头雏菊的花心位置装饰一圈小圆点。

13. 参照蛋糕主图所示，在花朵之间挤出短的连接线作为绣线（参见P14“传统的挤花技巧”）。绣线挤出的基本规则是尽量选取花朵之间最短的距离进行连线（如图H）。用一把湿的画笔在绣线的两端轻拍，使得绣线与蕾丝贴花的连接处呈现逼真自然的效果。

14. 将1.5厘米（5/8英寸）的缎带在蛋糕底盘侧面缠绕并固定（参见P113“为蛋糕和蛋糕底盘装饰缎带”）。最后将5厘米（2英寸）宽的缎带在中层蛋糕上系蝴蝶结做装饰。

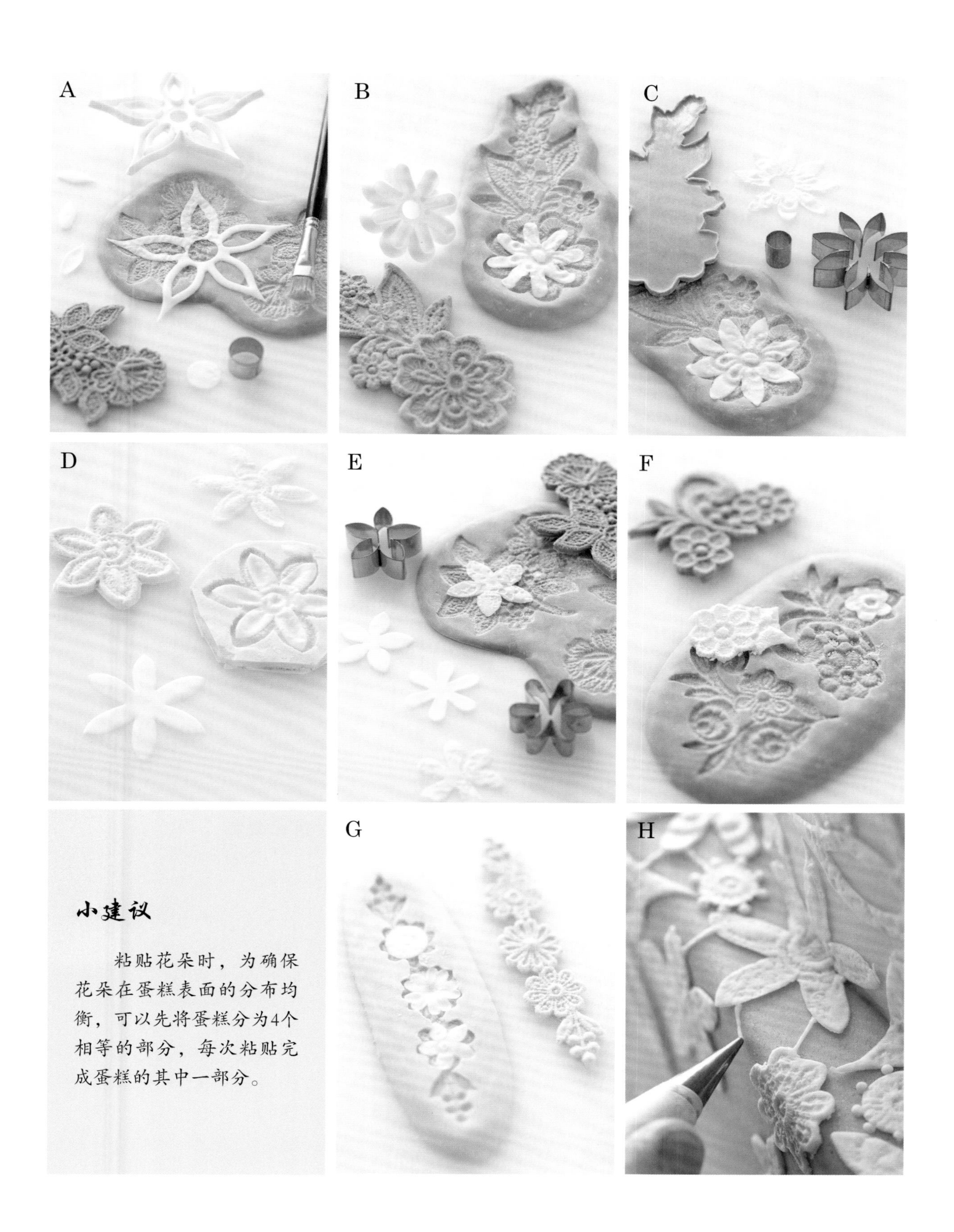

小建议

粘贴花朵时，为确保花朵在蛋糕表面的分布均衡，可以先将蛋糕分为4个相等的部分，每次粘贴完成蛋糕的其中一部分。

醒目的圆圈装饰蛋糕

本节所展示的这款醒目的优美蛋糕，采用了黑白单色配色方案，赋予古老的贴花镂空蕾丝以崭新的现代风貌。用一系列大小不等的圆形切模做出带有纹路的圆盘装饰图案，并且在圆盘之间添加短线相连，从而带来抢眼的装饰效果。

你需要准备

- 15厘米（6英寸）圆形蛋糕，厚度11.5厘米（4.5英寸），蛋糕表面贴合一层白色糖皮（翻糖）（参见P112“为蛋糕表面贴合糖皮”）
- 100克（3.5盎司）黑色干佩斯
- 蕾丝花枝压模（CK）或者相似的压模
- 圆形切模：4.5厘米（1.75英寸）；3.75厘米（1.5英寸）；3厘米（1.25英寸）；2.25厘米（7/8英寸）；1.5厘米（5/8英寸）；1厘米（3/8英寸）
- 7号尖头裱花嘴
- 小号裱花袋搭配1号裱花嘴，裱花袋中装入湿性打发的黑色蛋白糖霜（参见P120“蛋白糖霜配方”）

轮状装饰

将适量的黑色干佩斯擀成薄片，用蕾丝花枝压模在薄片表面压出蕾丝纹理（参见P88“华丽的大花镂空蕾丝风格”蛋糕的制作步骤3）。接着用最大的圆形切模做出12个圆片，并用3.75厘米（1.5英寸）的圆形切模将圆片的中央部分切除，做出12个大号圆环轮状蕾丝装饰。将大号轮状蕾丝分别粘贴在蛋糕的顶部和底部，轮状蕾丝在蛋糕的定位为：底部轮状蕾丝的位置应在顶部相邻两个轮状蕾丝的中间。注意上下两层蕾丝圆环应分别与蛋糕的上下边缘相距5厘米（2英寸）。

用3厘米（1.25英寸）的圆形切模在黑色干佩斯薄片上再切出一些圆片，并用2.25厘米（7/8英寸）的圆形切模将圆片中心切除，做出一定数量的中号圆环轮状蕾丝。将中号轮状蕾丝粘贴在上下两层大号轮状蕾丝中间。中号轮状蕾丝以波浪形走势粘贴。操作时可以将事先做好的轮状蕾丝放置在塑料套中以免干燥。

用1.5厘米（5/8英寸）的圆形切模将上述步骤中切出的2.25厘米（7/8英寸）圆片的中央部分切除，做出小号轮状蕾丝，用食用胶将小号轮状蕾丝按着顶端和底端两层大号蕾丝的位置，粘贴在上下两圈大号轮状蕾丝之间。接着使用1厘米（3/8英寸）的圆形切模将上一步骤切下的1.5厘米（5/8英寸）的圆片的中央部分切除，做出迷你轮状蕾丝。将迷你轮状蕾丝粘贴在大号轮状蕾丝的中心。

用7号尖头裱花嘴将切下的1厘米圆片的中心部分切除，并将做出的轮状蕾丝粘贴在中号轮状蕾丝的中心。将切下的迷你圆片粘贴在小号轮状蕾丝的中心。

挤花装饰

用挤花的方法在所有轮状蕾丝的内部和外部挤出连接线，做出绣线的装饰效果。可以参照附图所示进行挤花。最后用一把湿的画笔轻拍连线两端，将挤花连线稍作修补，使之呈现逼真自然的绣线效果。

蛋白糖霜蝴蝶花园风格

本节所呈现的这款绚丽的花园主题装饰蛋糕，采用了蛋白糖霜挤花技法，为传统的挤花装饰风格注入了现代感。蛋糕装饰所使用的蝴蝶、雏菊和花园篱笆蕾丝花边等细节均使用了传统的蛋白糖霜挤花技法。使用书后所提供的模板图案，通过精细的挤花步骤做出所需装饰物，并仔细地将装饰物粘贴固定在蛋糕上。这件精美作品的完成需要灵巧而稳定的双手进行操作，才能做出一些非常易碎的蕾丝装饰物，并巧妙地固定在所需的位置上。作品完成后所带来的装饰效果也是非常出色的。如果觉得挤花的过程过于繁琐而令人不快，或者时间紧急无法使用挤花法完成作品，可以尝试使用糖蕾丝代替挤花蕾丝，本节后面的小作品即使用了糖蕾丝装饰法。也可以将这两种方法结合使用。在采用蛋白糖霜做出装饰物时，需要较长的干燥时间，所以应提前几天将装饰物做出。

你需要准备

原料

- 15厘米（6英寸）圆形蛋糕，厚度11.5厘米（4.5英寸）；20厘米（8英寸）圆形蛋糕，厚度15厘米（6英寸），两个蛋糕表面均贴合一层浅蓝色（Sugarflair婴儿蓝）糖皮（翻糖）（参见P112“为蛋糕表面贴合糖皮”）
- 28厘米（11英寸）圆形蛋糕底盘，表面贴合一层浅绿色（Sugarflair薄荷和醋栗色）糖皮（参见P114“为蛋糕底盘贴合糖皮”）
- 1/2份蛋白糖霜（参见“蛋白糖霜配方”）
- 食用色膏或者液体食用色素：黄色、婴儿蓝、绿色（与糖皮颜色一致）

工具

- 3根小木条，长度与20厘米（8英寸）蛋糕厚度相等（参见P115“多层蛋糕的组合”）
- 3个小号裱花袋
- 尖头裱花嘴：0号、1号、1.5号
- 模板：蝴蝶；雏菊花瓣；小花朵；花园篱笆蕾丝花边（参见P123“模板”）
- 4个A4大小的塑料套（或者薄的人造纤维套），带有平整的垫板或者书本
- 六角风琴褶状卡纸，内衬烘焙纸或者防油纸
- 112厘米（44英寸）长、1.5厘米（5/8英寸）宽的白色缎带

1. 将小木条放入蛋糕内，将双层蛋糕组合起来（参见P115“多层蛋糕的组合”）。

2. 首先制作蝴蝶（参见P14“传统挤花技法”）。将裱花袋中装入湿性打发的蛋白糖霜，并放上1号裱花嘴。用塑料套盖在蝴蝶模板上面（参见P123“模板”），并放置在垫板或者书本上。用挤花的方式仔细地描画出蝴蝶轮廓，每种蝴蝶分别需要做出3只（如图A）。接着挤出蝴蝶翅膀的内部结构，内部结构线条可以稍粗（如图B）。重复上述操作。

3. 将裱花嘴换成0号，挤花做出蝴蝶的细节部分。做蝴蝶的网格部分挤花时，为避免混乱，可以先挤出所有垂直方向的平行线段并静置干燥（如图C）。操作时可以用一只湿的小画笔将线段两端不整齐的接缝略做修补（如图D），待垂直线段干燥后，再挤出水平方向的线段（如图E）。将做好的蝴蝶放置至少6～8小时晾至完全干燥，或者静置过夜。

4. 将1张塑料套对半剪开，再将剪好的塑料套裁剪成6厘米×2厘米（1.5英寸×0.75英寸）大小的塑料片。至少需要做出32片相同大小的塑料片。为确保制作效果，可以多裁出几片塑料片作为备份。蛋糕装饰所使用的大号雏菊可以从花瓣开始制作。取1片塑料片放在大的雏菊花瓣模板上，并用少许蛋白糖霜粘贴固定好塑料片。将湿性打发的蛋白糖霜装入裱花袋中，用1号裱花嘴进行挤花操作。在塑料片上挤出雏菊花瓣的轮廓以及内部两条垂直线条。然后将做出花瓣静置过夜至完全干燥。静置时将花瓣放在一个略带弧度的斜面上，例如可以倾斜搭放在浅盘边缘，这样可以使做出的花瓣干燥后带有自然的弧度。

5. 待大雏菊花瓣完全干燥后，用1号裱花嘴和新鲜的蛋白糖霜在花瓣内部挤出微小的线段（如图F）。放置干燥后（大约需要20分钟），小心地将塑料片从花瓣上揭下。取4片花瓣放在一张干净的方形塑料套上组合起来，在花心的位置用蛋白糖霜将花瓣粘合在一起（如图G）。

6. 接下来取4片花瓣分别粘贴在已有的4片花瓣之间，做出第二层花瓣。用厨房纸巾（面巾纸）或者微微卷起的人造纤维板或者塑料板做出一个带有一定弧度的花托，将粘贴好的雏菊放置在花托上并晾干。干燥后的花朵会呈现出自然的弧度（如图H）。

7. 花瓣完全干燥后，将少许黄色食用色素加入湿性打发的蛋白糖霜中，用黄色的蛋白糖霜在每朵雏菊的花心处挤出一簇黄色小圆点作为花心（如图I）。将雏菊静置至完全干燥（最好放置过夜）。

8. 蛋糕上的小号装饰花朵的制作可以采用与上述相似的方法。将蛋白糖霜装入小号裱花袋中，使用1号裱花嘴挤出小号花朵的轮廓。使用书后模板中的小号花朵模板进行挤花操作，最后在花朵中心挤出一簇小圆点作为花心。至少需要做出12朵小花，可以使用模板做出6朵小号花朵，另外再自行设计花朵图案做出6朵小号花朵。将做好的花朵放置彻底干燥。

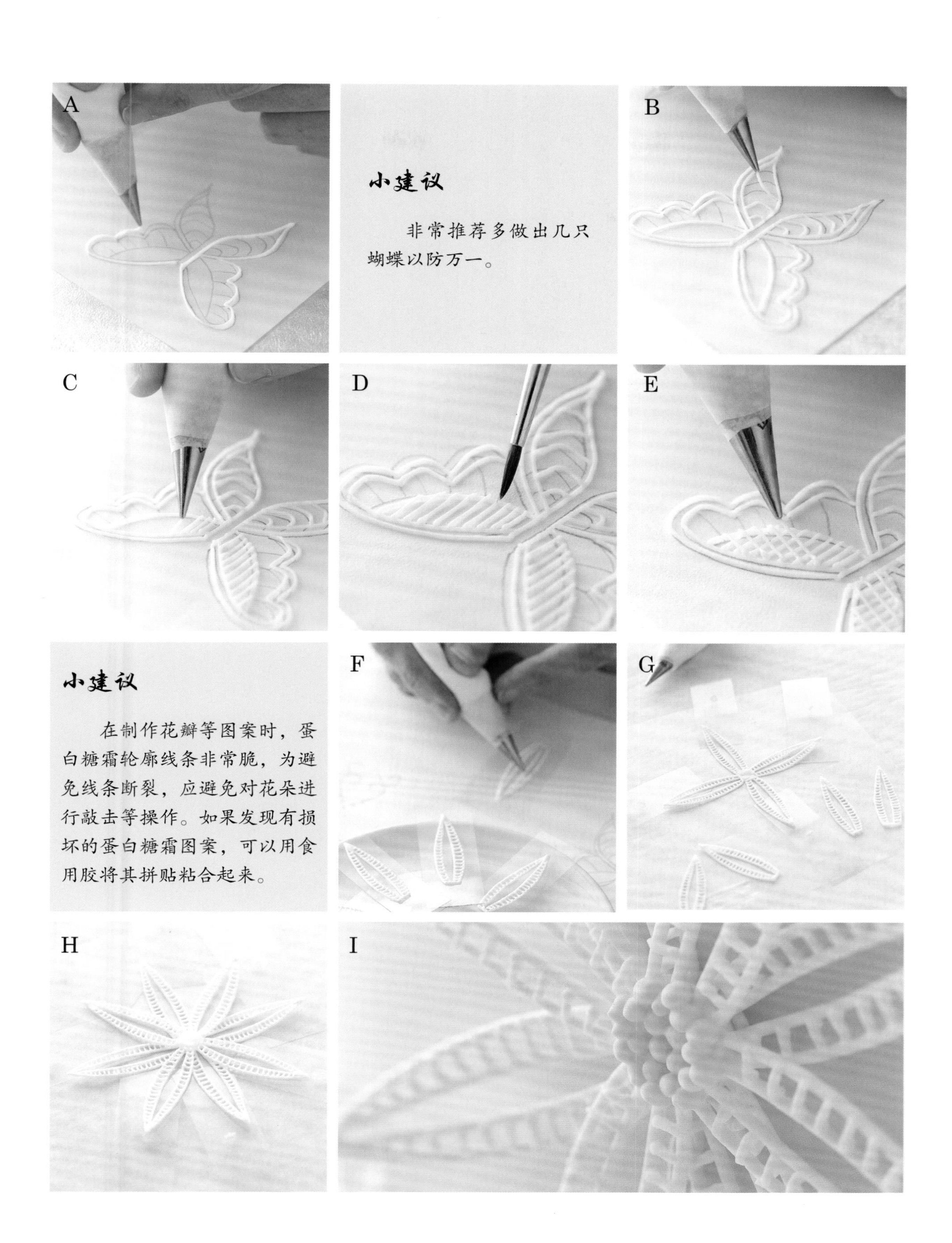

小建议

非常推荐多做出几只蝴蝶以防万一。

小建议

在制作花瓣等图案时，蛋白糖霜轮廓线条非常脆，为避免线条断裂，应避免对花朵进行敲击等操作。如果发现有损坏的蛋白糖霜图案，可以用食用胶将其拼贴粘合起来。

9. 使用P123模板中的花园篱笆蕾丝图案，采用与上述同样的方法做出蛋糕底部的一圈装饰篱笆。用1.5号裱花嘴在人造纤维套或者塑料套上按照模板图案描画出篱笆。首先描画出心形图案，接着描画出螺旋图案以及圆点图案。总共需要做出大约30片小的装饰篱笆。制作时应确保塑料片或者人造纤维上的单个篱笆之间留有足够的间隔。将做出的篱笆放置彻底干燥。

10. 将蝴蝶从塑料套上取下，操作时小心地从翅膀的一端揭开塑料套，借助工作台边缘将塑料套向下抽取，慢慢将塑料套从蝴蝶上揭下来（如图J）。将做好的蝴蝶放置待用。

11. 将风琴褶状卡纸表面垫一层烘焙纸或者防油纸，放在托盘上（便于移动）。将蛋白糖霜装入裱花袋中，使用1号或者1.5号裱花嘴进行挤花操作。在防油纸的折缝处挤出少量蛋白糖霜并将蝴蝶的两片翅膀分别靠在褶状卡纸的两边并粘贴在蛋白糖霜两侧（如图K）。挤花时，先挤出一个小圆点作为蝴蝶的头部，再在圆点下方挤出一个泪滴形身体（如图L）。将粘贴好的蝴蝶静置几小时或者过夜。

12. 在湿性打发的蛋白糖霜中加入婴儿蓝食用色素，混合均匀成浅蓝色蛋白糖霜后装入裱花袋中，用1.5号裱花嘴在顶层蛋糕的底边出挤出一圈蜗牛花边（参见P121“蛋白糖霜的挤花技巧”）。重复上述操作，将浅绿色食用色素加入蛋白糖霜中，接着用浅绿色蛋白糖霜在底层蛋糕的底边处挤出一圈蜗牛花边。另外准备稍多的绿色蛋白糖霜装入干净的裱花袋中，并装上1号裱花嘴待用。

13. 在蛋糕底下垫入纸板或者书本，将蛋糕稍作倾斜放置。使用上一步骤准备好的绿色蛋白糖霜仔细地在蛋糕表面由上而下的挤出略微弯曲的线段。首先做出大号雏菊的花茎，长度为10～12厘米（4～4.75英寸），花茎为略弯曲的双线（如图M）。接着在雏菊花茎之间做出稍短的单线小花花茎。在设计花茎的位置时应首先明确花朵在蛋糕表面的放置位置，以确保花茎之间留有足够的空间可以放置花朵。花茎的挤出线条应尽量保持整齐干净。然后使用绿色蛋白糖霜和1号裱花嘴在大号雏菊的双线花茎之间仔细地挤出小圆点（如图N）。

14. 接下来是最关键和容易出错的步骤。在裱花袋中装入硬性打发的蛋白糖霜（不需要装裱花嘴），将裱花袋剪出一个小口，在蛋糕上挤出适量的蛋白糖霜用于粘贴蝴蝶。非常小心地从卡纸上取出蝴蝶，将蝴蝶放置在挤出的蛋白糖霜的位置上。操作时应保持手部的稳定。粘贴时可以手持蝴蝶放置在蛋白糖霜上并保持十秒钟左右，直至蝴蝶粘贴稳固。可以参照蛋糕主图所示来确定蝴蝶在蛋糕上的装饰位置。最好先做上层蛋糕的装饰，以避免操作时触碰到底层蛋糕的装饰物而影响装饰效果（如图O）。接着使用硬性打发的蛋白糖霜将大号雏菊和小花朵粘贴在蛋糕表面；再将剩余的蝴蝶粘贴在底层蛋糕表面。

15. 在蛋糕底盘上将预先做好的单片篱笆围成一圈做出花园篱笆装饰边，篱笆的位置距离蛋糕底边约1厘米（3/8英寸）。操作时将少量蛋白糖霜挤在每片篱笆底边正中间的支点上作为粘合剂（如图P）。小心地将每片篱笆片放在蛋糕底盘所需装饰的位置上，并用手按大约30秒左右直至粘合牢固（如图Q）。重复上述步骤将所有篱笆片粘贴在蛋糕底盘上。如果粘合篱笆在两端围合处出现较大的缝隙，可以调整最后几片篱笆的放置位置和间隔，根据距离尽量平均放置篱笆。将调整后篱笆部分放置在蛋糕的背面。最后在蛋糕底盘的侧面缠绕缎带并将缎带固定（参见P113“为蛋糕和蛋糕底盘装饰缎带”）。

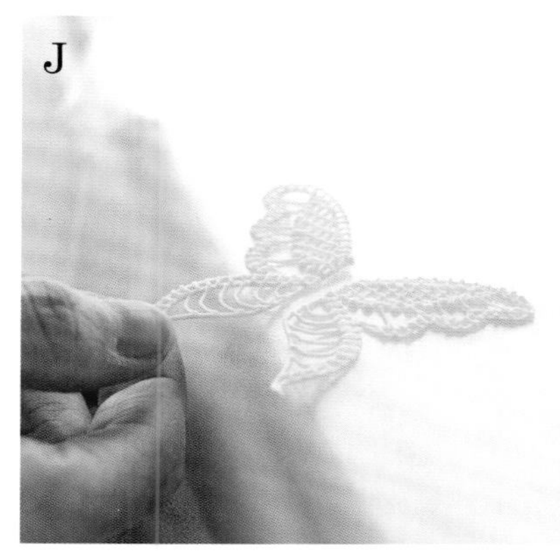

小建议

特别提示：挤花方式做出的蝴蝶质地非常脆弱易碎，拿取时应十分小心。

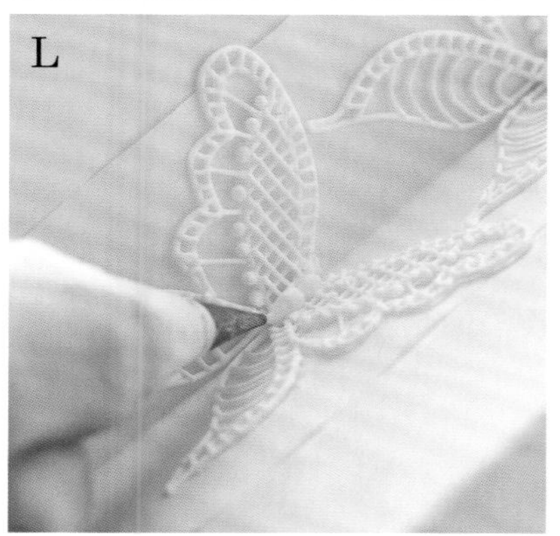

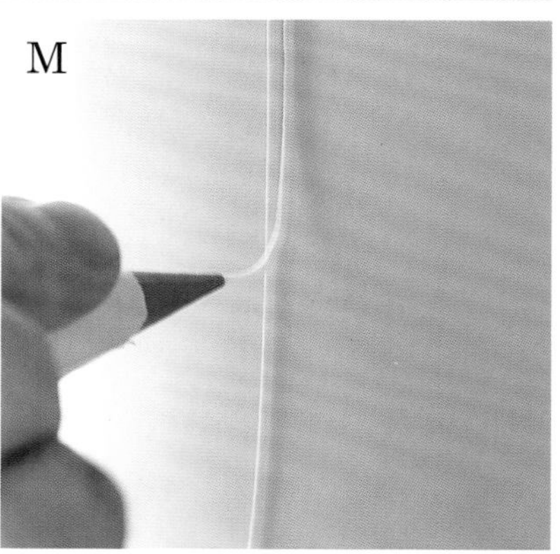

小建议

在制作花茎时，可以将裱花嘴稍作提起，并将挤出的蛋白糖霜线条向外拉出，这样可以做出较为顺滑的蛋白糖霜线条。如果裱花嘴距离蛋糕表面太近，挤出的线条会呈现出毛糙的状态。

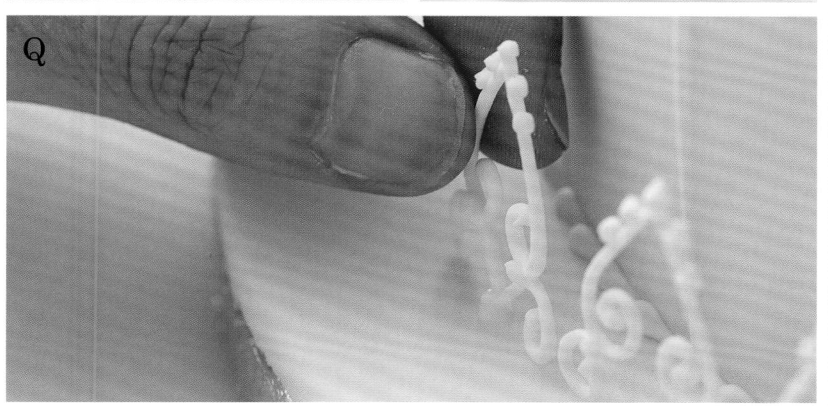

糖蕾丝杯子蛋糕

本节所展示的迷人的糖蕾丝杯子蛋糕延续了前述双层蛋糕的装饰主题，不过省去了较为费时的复杂挤花步骤。装饰中用到的蝴蝶和花朵的制作使用了蕾丝粉和蕾丝垫，制作方法较为简便。最后将做出的蝴蝶和花朵粘贴在杯子蛋糕上做出非常漂亮的装饰效果。

你需要准备

- 杯子蛋糕（参见P118“杯子蛋糕的烘焙”）装在银色锡箔蛋糕杯（蛋糕杯托）中，表面贴合一层淡蓝色糖皮（翻糖）（参见P118“翻糖杯子蛋糕”）
- 小桶珠光白色蕾丝粉（Claire Bowman牌或者其他品牌）（参见P16“糖蕾丝”）
- 蕾丝垫：蝴蝶（Claire Bowman）；鸢尾花（Crystal Candy，或者其他花卉图案的蕾丝垫）
- 六角风琴褶形卡纸，表面放置烘焙纸或者防油纸
- 食用酒精（备用）

将蕾丝粉调和后放入蝴蝶和花卉蕾丝垫上，接着将蕾丝垫放入烤箱烘干。注意应严格按照产品使用说明进行操作（参见P16“糖蕾丝”）。

将蝴蝶从蕾丝垫上取出，小心地将蝴蝶以中心线为轴略作弯曲，放入风琴褶形卡纸的折缝处定型（如图A）。将定型的蝴蝶静置干燥。如果蝴蝶过于潮湿，也可以将卡纸放在金属托盘上，放入烤箱中稍作烘干处理。干燥过程中如果蝴蝶翅膀出现弯曲，可以及时进行修补。

将花卉图案的糖蕾丝从蕾丝垫上取出，粘贴在杯子蛋糕的表面。可以使用食用胶作为粘合剂，也可以在蛋糕表面涂抹少量食用酒精或者水来粘贴花朵。最后将定型好的蝴蝶用食用胶粘贴在蛋糕上完成装饰。

A

蛋糕的配方和制作技巧

建议使用优质的烘焙原料，这可以为烘焙的蛋糕带来较为出色的口感和味道，从而达到与其优美外表一样令人赞叹的效果。考虑到蛋糕坯的制作需要切除蛋糕的外皮，所以在选取烘焙模具时应使用比所需蛋糕尺寸大2.5厘米（1英寸）的蛋糕烤模，以便可以得到尺寸合适的蛋糕坯。按照下表中列出的尺寸和数量所做出的蛋糕厚度大约为7.5～9厘米（3～3.5英寸）。如果烘焙厚度较小的蛋糕或者迷你蛋糕时，可以相应的减少原料用量（参见P116“迷你蛋糕”）。

以杯计量

如果采用美式量杯计量方法，可以参照下述换算方法：

液体原料

1茶匙=5毫升

1汤匙=15毫升（或者澳洲计量为20毫升）

1/2杯=120毫升/4盎司

1杯=240毫升/8.5盎司

细砂糖/黄糖

1/2杯=100克/3.6盎司

1杯=200克/7盎司

黄油

1汤匙=15克/0.5盎司

2汤匙=25克/1盎司

1/2杯/1条=115克/4盎司

1杯/2条=225克/8盎司

糖粉

1杯=115克/4.5盎司

面粉

1杯=125克/4.5盎司

葡萄干（金黄葡萄干）

1杯=165克/5.75盎司

蛋糕模具的准备

烘焙前，将蛋糕模具里面铺上烘焙纸以防止蛋糕与模具发生粘连。

1. 将圆形蛋糕模放在防油纸或者烘焙纸上，用可食用笔沿模具底边画出与模具相同大小的圆形。用剪刀沿圆形边内侧剪出圆形纸片，放置待用。接着准备一张宽度为9厘米（3.5英寸）的长条形防油纸，沿一侧的长边折出一个1厘米（3/8英寸）宽的折边，将折边以一定的间隔剪出小裂口。小裂口的间隔大约为2.5厘米（1英寸），长度为折边的宽度即可。将条形防油纸绕模具一圈放入模具中，折边部分塞入模具的底角处，最后放入圆形防油纸片。

2. 如果使用方形蛋糕模具，可以将一张防油纸或者烘焙纸蒙在模具表面。用剪刀剪出一张可以完全覆盖模具，并且四边都比模具边长多出7.5厘米（3英寸）的方形防油纸片。在纸片的两个对边的转角位置分别剪出一个裂口，长度为7.5厘米。将防油纸放入方形模具里，将四角剪出的四条长条边分别塞进相邻纸边的后面。

蛋糕份量指南

下表中列出了不同尺寸的蛋糕大约可以做出的蛋糕份数。表中的数字代表的份数是以每份蛋糕的尺寸大约为2.5平方厘米（1英寸）、厚度为9厘米（3.5英寸）为基准的。

尺寸	10厘米（4英寸）		13厘米（5英寸）		15厘米（6英寸）		18厘米（7英寸）		20厘米（8英寸）		23厘米（9英寸）		25厘米（10英寸）		28厘米（11英寸）	
形状	圆	方	圆	方	圆	方	圆	方	圆	方	圆	方	圆	方	圆	方
份数	5	10	10	15	20	25	30	40	40	50	50	65	65	85	85	100

经典海绵蛋糕的制作

本书中的海绵蛋糕的制作采用了最基本的海绵蛋糕配方，这个经典的海绵蛋糕配方制作起来非常简单，并且成功率高。本书也提供了另外几种不同风味的海绵蛋糕的配方（P105“不同风味的海绵蛋糕”）。制作时可以将原料混合物分别放入两个模具里，以保证做出的海绵蛋糕较为蓬松柔软。如果要做三层蛋糕，可以将原料以1/3和2/3的比例平分即可。在制作尺寸较小的蛋糕时，也可以用一个大的方形蛋糕切出三层小海绵蛋糕。例如，可以用一个30厘米（12英寸）的方形蛋糕切割出一个15厘米（6英寸）的圆形蛋糕（参见P105“注释”章节的用量表以及P110“蛋糕分层、抹面和准备”）。

小建议

制作时用到的黄油和鸡蛋应在室温下放置一段时间以保持常温。

1. 将烤箱预热至160℃/325℉/燃气加热3档，并且在蛋糕模具（烤盘）里铺上防油纸（参见P103“蛋糕模具的准备”）。

2. 用大型的电动搅拌器将黄油和砂糖搅打至顺滑蓬松状态。边搅打边少量多次的加入鸡蛋，最后加入香精。

3. 在混合液中筛入面粉，继续轻轻搅拌至没有干面粉状态。

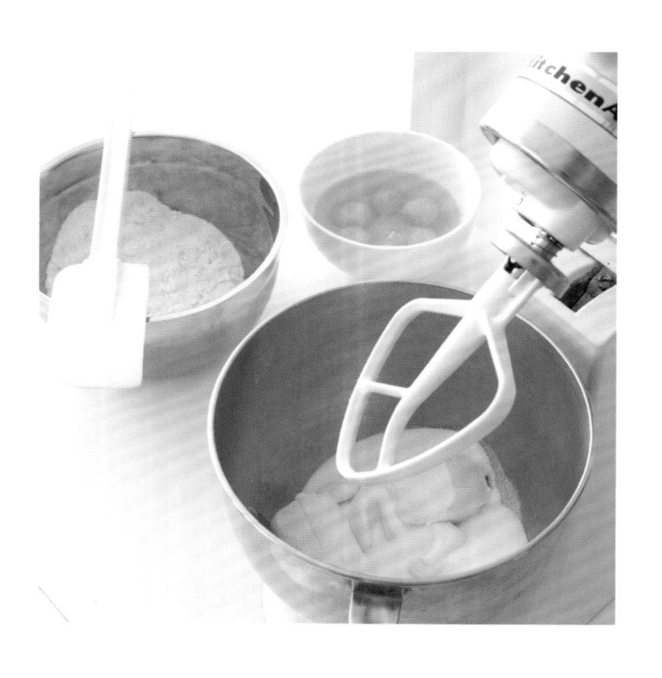

4. 将搅拌盆取出，用橡皮刮刀将混合面糊自下而上彻底翻拌均匀，注意手法要轻柔快速。将混合好的面糊倒入铺好防油纸的模具或者烤盘中，并用抹刀或者勺子背面将面糊表面抹平。

5. 将蛋糕放入烤箱中。可以用一根小木签判断蛋糕是否已经烤好，方法是将小木签在蛋糕中心插入，取出后如果木签表面没有粘连蛋糕面糊，即说明蛋糕已经烤好。蛋糕的烘烤时间通常因烤箱的不同而有所不同。小尺寸的蛋糕一般需要至少20分钟、大尺寸的蛋糕则需要40分钟的烘烤时间。

6. 将烤好的蛋糕放置冷却，用保鲜膜包好放入冰箱存储。

较厚蛋糕的制作

较厚蛋糕的制作可以将标准蛋糕原料的使用量增加50%。如果使用两个蛋糕模具，可以将蛋糕分两次做出。将第一份烤好的蛋糕冷却后脱模，然后再烘烤第二份蛋糕。

蛋糕的保存期限

海绵蛋糕可以提前24小时做好。也可以将暂时不用的海绵蛋糕冷冻保存。蛋糕在分层和抹面后，常温下最多可以保存3~4天。

注释：用1个大的方形蛋糕切出三层圆形蛋糕的原料使用量：制作1个15厘米（6英寸）圆形蛋糕，可以用8个鸡蛋/400克（14盎司）黄油等原料混合后装入1个30厘米（12英寸）的方形蛋糕模具中烤制方形蛋糕；制作1个13厘米（5英寸）的圆形或者方形蛋糕，可以用7个鸡蛋/350克（12盎司）黄油等原料混合后装入1个28厘米（11英寸）的方形烤模中；制作1个10厘米（4英寸）的圆形或者方形蛋糕，可以使用6个鸡蛋/300克（10.5盎司）黄油等原料混合后放入1个25厘米（10英寸）的方形烤模中。可以将面粉的使用量增加5%～10%做出较厚的海绵蛋糕，也可以通过增加面粉的使用量来增加海绵蛋糕的硬度。

蛋糕尺寸 圆形：厘米（英寸） 方形：厘米（英寸）	13（5） 10（4）	15（6） 13（5）	18（7） 15（6）	20（8） 18（7）	23（9） 20（8）	25（10） 23（9）	28（11） 25（10）	30（12） 28（11）	33（13） 30（12）	35（14） 33（13）
无盐黄油	150克（5.5盎司）	200克（7盎司）	250克（9盎司）	325克（11.5盎司）	450克（1磅）	525克（1磅3盎司）	650克（1磅7盎司）	800克（1磅12盎司）	1千克（2磅4盎司）	1.25千克（2磅12盎司）
细砂糖（超细）	150克（5.5盎司）	200克（7盎司）	250克（9盎司）	325克（11.5盎司）	450克（1磅）	525克（1磅3盎司）	650克（1磅7盎司）	800克（1磅12盎司）	1千克（2磅4盎司）	1.25千克（2磅12盎司）
中等大小鸡蛋	3	4	5	6	9	10	12	14	18	22
香草精（茶匙）	0.5	1	1	1.5	2	2	2.5	4	5	6
自发粉	150克（5.5盎司）	200克（7盎司）	250克（9盎司）	325克（11.5盎司）	450克（1磅）	525克（1磅3盎司）	650克（1磅7盎司）	800克（1磅12盎司）	1千克（2磅4盎司）	1.25千克（2磅12盎司）

不同风味的海绵蛋糕

柠檬味 每100克（3.5盎司）的细砂糖中添加1个柠檬皮碎屑。

橙子味 每250克（9盎司）的细砂糖中添加2个橙皮碎屑。

巧克力味 每100克（3.5盎司）面粉使用15克（0.5盎司）可可粉（无糖可可粉）代替15克（0.5盎司）面粉。

香蕉味 用黄砂糖代替细砂糖。每100克（3.5盎司）面粉中加入1个熟透捣碎的香蕉泥和1/2茶匙混合香精（苹果派香精）。

咖啡和核桃味 每100克（3.5盎司）面粉用15克（0.5盎司）的细核桃碎代替15克（0.5盎司）的面粉。用黄砂糖代替细砂糖并且加入适量的冷却意式浓缩咖啡。

椰子青柠蛋糕

本书作者最喜爱的蛋糕配方，作者将原始的配方稍作修改后收录于此。相对于我们所熟悉的经典海绵蛋糕，椰子青柠蛋糕具有新鲜的、令人愉悦的风味，带来绝佳的、奇妙的味觉体验。

由于使用了椰蓉，因此蛋糕的质地较为松散。在后续操作时应确保蛋糕完全冷却后再使用锋利的锯齿切刀进行切割操作。推荐使用奶油奶酪填充在蛋糕夹层，蛋糕外层则使用白巧克力酱进行抹面，以便可以锁住蛋糕碎屑并作出较为平整硬实的蛋糕表面。

原料

以下为制作1个13厘米（5英寸）的圆形蛋糕，或者10个杯子蛋糕的原料使用量。

- 1个青柠檬
- 125克（4.5盎司）无盐黄油
- 125克（4.5盎司）细砂糖（超细）
- 30克（1盎司）椰蓉（干燥椰丝）
- 15毫升（1汤匙）牛奶
- 2个鸡蛋
- 140克（5盎司）自发粉
- 0.5茶匙泡打粉

1. 将青柠檬皮屑加入到搅拌盆中的黄油和细砂糖中。

2. 另取一个小碗将椰蓉和牛奶混合均匀，并挤入青柠檬汁。放置备用。

3. 将黄油和细砂糖搅打至顺滑蓬松状态，然后少量多次地加入鸡蛋，继续搅打。

4. 将面粉和泡打粉混合后筛入搅拌盆中，轻轻混合。

5. 将牛奶椰蓉混合物加入搅拌盆中，轻轻搅拌至混合均匀。注意不可过度混合搅拌。

小建议

蛋糕夹层的内馅的制作可以用青柠糖浆和椰子酒混合后放入奶油奶酪中即可。

注释：不同尺寸的蛋糕所需原料的用量

蛋糕尺寸（圆形）	13厘米（5英寸）	15厘米（6英寸）	18厘米（7英寸）	20厘米（8英寸）	23厘米（9英寸）	25厘米（10英寸）	28厘米（11英寸）	30厘米（12英寸）	33厘米（13英寸）	35厘米（14英寸）
所需原料比例	1	1.25	1.75	2.25	3	3.5	4.25	5.25	6.5	8

红丝绒蛋糕

红丝绒蛋糕起源于南美国家，在美国是非常流行的婚礼和庆典用蛋糕，近年来在英国和其他一些国家也逐渐流行起来。正如蛋糕的名字，红丝绒蛋糕通常为红色或者红棕色。制作蛋糕时使用了红色食用色素（或者甜菜根，一种带有天然红色的蔬菜）和可可粉。蛋糕夹馅通常为奶油起司或者奶油奶酪糖霜。

本书中在制作红丝绒蛋糕时使用了白巧克力酱和香草奶油奶酪。在蛋糕表面用上述白巧克力酱混合物进行抹面，可以产生较为硬实平整的表面。然后再贴合一层糖皮/翻糖，这样也可以延长蛋糕的保质期。贴合糖皮后的蛋糕可以常温保存几日。

原料

以下原料为制作1个15厘米（6英寸）方形或者18厘米（7英寸）圆形蛋糕，或者16个杯子蛋糕的原料使用量。

- 20毫升（1.5汤匙）过滤柠檬汁
- 225毫升（8盎司）牛奶
- 125克（4.5盎司）无盐黄油
- 300克（10.5盎司）细砂糖（极细）
- 2个鸡蛋
- 25克（1盎司）可可粉（无糖）
- 2茶匙红色食用色膏（推荐使用Sugarflair Red Extra）
- 5毫升（1茶匙）香草精
- 320克（11.25盎司）中筋面粉
- 0.5茶匙盐
- 1茶匙小苏打（泡打粉）

1. 将10毫升（2茶匙）柠檬汁加入牛奶中。注意会有凝固产生。

2. 将黄油和细砂糖用电动搅拌器搅打均匀至颜色变浅，呈柔顺光滑状态。

3. 少量分次在黄油混合物中加入鸡蛋，继续搅打。

4. 另取一个小碗，取适量步骤1的牛奶混合物与一半量的可可粉、食用色膏和香草精混合均匀，搅拌至呈较稀的糊状。注意应将混合物充分混合均匀至无颗粒状态。

5. 在步骤4的混合物中加入大约三汤匙步骤3的黄油、糖和鸡蛋混合物。充分搅拌均匀至无颗粒的稀糊状。将搅拌好的混合物倒入搅拌盆中搅打至均匀状态。

6. 在混合盆中慢慢加入剩余的一半牛奶，将面粉与剩余可可粉混合后取一半量筛入混合盆中搅拌均匀。继续加入剩余的牛奶和混合好的面粉可可粉，搅拌均匀。

7. 最后在混合物中加入盐、小苏打和剩余的柠檬汁。

小建议

在制作海绵蛋糕时，可以根据所需蛋糕尺寸将烘焙的蛋糕增加2.5厘米（1英寸），然后将烘焙好的蛋糕外皮切除后即可得到所需尺寸的蛋糕。

注释：不同尺寸的蛋糕所需原料的用量

蛋糕尺寸（圆形）	13厘米（5英寸）	15厘米（6英寸）	18厘米（7英寸）	20厘米（8英寸）	23厘米（9英寸）	25厘米（10英寸）	28厘米（11英寸）	30厘米（12英寸）	33厘米（13英寸）	35厘米（14英寸）
所需原料比例	0.5	0.75	1	1.25	1.75	2.0	2.75	3.5	4.75	6

蛋糕的填馅和抹面

蛋糕填馅和抹面可以给蛋糕增添一定的湿润度，并带来特有的风味。抹面所用的原料可以考虑海绵蛋糕本身的味道，最常用的抹面原料一般为奶油奶酪或者巧克力酱，其中巧克力酱抹面多用在巧克力味的蛋糕上。下面列出的几种抹面配方均可用于室温下的蛋糕上，并且使用前将抹面材料置于冰箱中放置一段时间以便于操作。填馅和抹面处理蛋糕可以掩盖蛋糕本身的裂缝和瑕疵，使得蛋糕表面较为平整光滑，便于后续为蛋糕贴合糖皮。

奶油奶酪配方

以下配方可以做出大约500克（1磅2盎司）奶油奶酪，足够1个18～20厘米（7～8英寸）圆形蛋糕或者方形分层蛋糕使用，也可以用于20～24个杯子蛋糕。

原料

- 225克（8盎司）无盐或者少盐黄油，室温软化
- 275克（9.75盎司）糖粉
- 15毫升（1汤匙）水
- 5毫升（1茶匙）香草精或者其他食用香精

工具

- 大号电动搅拌器
- 橡皮刮刀

1. 将黄油和糖粉放入搅拌盆中，用电动搅拌器低速搅打，以防黄油溅出。

2. 将水和香草精或者其他香精加入搅拌盆中，并加快搅打速度。将黄油搅打至颜色变浅，呈顺滑和蓬松状态。

3. 将混合好的黄油糖粉装入密闭容器中，放入冰箱可以保存最多2周。

糖浆配方

在海绵蛋糕表面涂刷糖浆可以给蛋糕增添风味，并且使得蛋糕保持湿润。使用时需要考虑到蛋糕的口味和质地，注意糖浆的使用量不可过多，否则蛋糕口味过于甜腻，而且会使蛋糕变得较粘。

以下配方足够用于1个20厘米（8英寸）的分层圆形蛋糕（方形蛋糕的使用量会稍多一些），或用于25个翻糖制品，或者20～24个杯子蛋糕。

原料

- 85克（3盎司）细砂糖（极细）
- 80毫升（5.5汤匙）水
- 5毫升（1茶匙）香草精（可选）

工具

- 深平底锅
- 金属勺

1. 将细砂糖和水加热至沸腾，注意搅拌。关火后加入香草精。放置冷却。

2. 冷却后的糖浆放入密闭容器中，在冰箱中可以存储最多1个月。

柠檬、青柠或者橙子糖浆 将上述配方中的水用新鲜柠檬或者青柠、橙子挤汁过滤后代替。也可以在果味糖浆中加入柠檬、青柠或者橙子利口酒以增添果香气味。

巧克力酱配方

如图所示的巧克力酱有着丝绸般奢华的质感，这款柔顺的巧克力酱是由巧克力和奶油混合而成。在室温下，巧克力酱抹面的成型效果要好于奶油奶酪抹面。借助巧克力酱的较为平滑硬实的表面，可以在贴合糖皮后为蛋糕做出棱角分明、边缘干净整齐的装饰效果。注意，最好使用可可脂含量在53%以上的优质巧克力制作巧克力酱。

以下配方可以做出500克（1磅2盎司）巧克力酱，足够用于1个18～20厘米（7～8英寸）的圆形或者方形分层蛋糕，或者20～24个杯子蛋糕。

原料

- 300克（10.5盎司）黑巧克力（半甜或者苦甜），切碎
- 200克（7盎司）高脂奶油

工具

- 深平底锅
- 搅拌盆
- 橡皮刮刀

1. 将切碎的巧克力放入搅拌盆中。

2. 将奶油倒入深平底锅中煮沸后倒入巧克力中，搅拌至巧克力完全融化在奶油中，继续搅拌至均匀。

3. 将巧克力酱放置冷却后放入密闭容器中，放入冰箱可以最多保存1周。

小建议

在使用巧克力酱或者奶油奶酪抹面时，其温度应保持在常温。因此建议提前将巧克力酱从冰箱取出，或者可以在使用前将巧克力酱稍作加温处理。

白巧克力酱配方

白巧克力酱是一种较为奢侈的抹面材料，多用于重海绵蛋糕（制作时适当地增加面粉的用量），也是奶油奶酪抹面的替代品。制作方法参见巧克力酱的制作方法，原料则使用150克（5.5盎司）奶油和350克（12盎司）白巧克力来制作。如果想制作少量的白巧克力酱，可以先将白巧克力加热融化后再与热奶油混合均匀。

蛋糕烘焙和抹面以及糖皮装饰技巧

蛋糕的分层、抹面和准备

做好的海绵蛋糕坯还需要经过一系列恰当的处理，为接下来的贴合糖皮步骤做好准备，这样才能做出表面光滑、形状整齐、外表具有专业水准的糖皮蛋糕。海绵蛋糕通常包含两层、三层或者四层（参见P104“经典海绵蛋糕的制作”），内里和表面用奶油奶酪或者巧克力酱抹面，然后在表面贴合一层糖皮（翻糖）。

原料

- 奶油奶酪或者巧克力酱（参见P108“蛋糕的填馅和抹面”），用于抹面
- 糖浆（参见P108“蛋糕的填馅和抹面”），用于蛋糕表面的涂刷
- 果酱（果胶）或者蜜饯，用于填馅（可选）

工具

- 蛋糕分层切割器
- 大锯齿刀
- 尺子
- 锋利的小水果刀（可选）
- 蛋糕底盘、砧板或者大蛋糕底盘
- 蛋糕裱花转台
- 蛋糕抹刀
- 软毛刷

1. 将烘焙好的蛋糕外皮切除。如果需要切割出两个相同厚度的海绵蛋糕，可以使用蛋糕分层切割器切出相同高度的蛋糕。如果采用了1/3和2/3的两部分方法来烘焙蛋糕，可以使用一把大的锯齿刀或者蛋糕分层切割器，将较厚的蛋糕平分为两层，这样可以做出一个三层蛋糕。也可以将一个大的方形蛋糕切出圆形三层蛋糕：在方形蛋糕相邻的两个1/4部分中分别切出一个圆形蛋糕，做出圆形蛋糕的上下两层，再在剩余的方形蛋糕上切出一个半圆形蛋糕，将半圆形蛋糕拼凑成一个圆形蛋糕做出第三层蛋糕坯。将三层蛋糕放置在厚度为1.25厘米（0.5英寸）的蛋糕底盘上，三层蛋糕的厚度大约为9厘米（3.5英寸）。

2. 烘焙蛋糕时可以将烘焙的圆形蛋糕尺寸增大2.5厘米（1英寸）进行制作，也可以烘焙一个尺寸更大的海绵蛋糕（参见P104“经典海绵蛋糕的制作”）。按所需尺寸切割蛋糕时，将蛋糕底盘放置在蛋糕表面，沿着蛋糕底盘边缘进行切割（蛋糕底盘的尺寸即为所做蛋糕的尺寸）。切割时可以将切割刀垂直放置，避免操作时将刀向内或者向外倾斜。切割圆形蛋糕时，也可以使用一把锋利的小水果刀进行操作，切割方形蛋糕时，则可以使用一把大的锯齿刀。

3. 将切割好的三层海绵蛋糕叠放在一起，进一步修掉多余的蛋糕部分，使得三层蛋糕表面平整，厚度一致。接着将蛋糕底盘放在裱花转台上。如果蛋糕底盘尺寸较小，可以在底盘下垫一个大的砧板或者大的蛋糕底盘。也可以根据需要使用防滑垫。

4. 用一把中等大小的抹刀取少量的奶油奶酪或者巧克力酱，在蛋糕底盘表面涂抹开后，将底层海绵蛋糕放在上面并固定好。接着在蛋糕表面涂刷一层糖浆，糖浆的使用量取决于蛋糕所要的湿度。

5. 在底层蛋糕表面均匀地涂抹一层奶油奶酪或者巧克力酱，厚度大约为3毫米（1/8英寸）。如果使用蜜饯做填馅，可以在蛋糕顶端撒一层蜜饯或者涂抹一层果酱，完成后放上第二层蛋糕坯。用同样的方法处理蛋糕表面。注意每层蛋糕会因为抹面带来的重量出现轻微的下沉，因此在每层蛋糕之间不要填入过多的馅料，以避免蛋糕表面出现不平整的隆起。最后在顶端放第三层蛋糕坯，并涂刷稍多的糖浆。

6. 用奶油奶酪或者巧克力酱将三层蛋糕的侧面进行抹面处理，然后在蛋糕的顶端涂抹奶油奶酪或巧克力酱。注意涂抹时应确保涂层轻薄并且平整。如果在抹面时酱料因混入蛋糕碎屑而变得不够细腻平滑，可以将蛋糕放入冰箱储存大约15分钟，取出后再进行第二次抹面即可。底层抹面因混入蛋糕屑而成为“蛋糕屑抹面”，这个抹面也可以起到密封三层蛋糕的作用。

7. 将处理好的蛋糕置于冰箱中放置20～60分钟，直至蛋糕表面变得硬实。然后可以进行接下来的步骤，为蛋糕表面贴合一层糖皮或者杏仁糖皮。

不同尺寸的蛋糕所需抹面的用量

尺寸	10厘米（4英寸）	13厘米（5英寸）	15厘米（6英寸）	18厘米（7英寸）	20厘米（8英寸）	23厘米（9英寸）	25厘米（10英寸）	28厘米（11英寸）
奶油奶酪或者巧克力酱用量	175克（6盎司）	250克（9盎司）	350克（12盎司）	500克（1磅2盎司）	650克（1磅7盎司）	800克（1磅12盎司）	1.1千克（2磅7盎司）	1.25千克（2磅12盎司）

为蛋糕表面贴合糖皮

如前面章节所述，在为蛋糕贴合一层糖皮之前，先用奶油奶酪或巧克力酱为蛋糕做抹面，这样做可以将蛋糕表面的小缝隙、小颗粒等不光滑的部分遮盖起来，使得蛋糕表面变得平整光滑。可以根据需要在蛋糕表面贴合两层糖皮，或者在抹面之后为蛋糕表面再涂抹一层杏仁蛋白糖膏后进行糖皮的贴合。

圆形蛋糕

原料

- 翻糖
- 糖粉，少量使用可以防止原料粘连（可选）

工具

- 防油纸或烘焙纸
- 剪刀
- 大号防粘擀棒
- 带有防滑垫的大号防粘擀板（可选）
- 糖皮和杏仁蛋白糖膏厚度分刮器
- 针状划线器
- 糖皮抹平器
- 小号锋利刀具

1. 剪出1张比蛋糕尺寸大7.5厘米（3英寸）的圆形防油纸/烘焙纸。将蛋糕放在烘焙纸上。

2. 取适量翻糖揉搓变软。在防粘板上将翻糖擀成圆形薄片，也可以在普通砧板上撒适量糖粉擀制，以防粘连。擀制时使用糖皮分刮器来控制糖皮的厚度，擀好的糖皮厚度大约为4毫米（0.25英寸）。推荐用如下手法进行擀制：用擀棒将糖皮提起来，原位转1/4个圆的弧度后继续擀制。尽量将糖皮擀成圆形以配合圆形蛋糕使用。注意要把糖皮表面出现的气泡用擀棒排出，也可以用针状划线器将气泡刺破后排出。

3. 接着用擀棒挑起糖皮覆盖在蛋糕表面。用手将糖皮表面捋平并向下将糖皮包裹在蛋糕表面。操作时可以借助拉扯糖皮的手法帮助去除糖皮所产生的褶皱，向下操作直至糖皮贴合到蛋糕底端。

4. 接下来使用糖皮抹平器在蛋糕顶端用画圆圈的手法将糖皮抹平。蛋糕侧面可用使用向前画圆的手法进行操作，抹平操作完成后，将蛋糕底端多余的糖皮切除。方法是用一把锋利的小刀沿着蛋糕底端圆弧切除多余的糖皮。最后用糖皮抹平器将蛋糕表面再做抹平处理，以确保糖皮表面平整光滑。

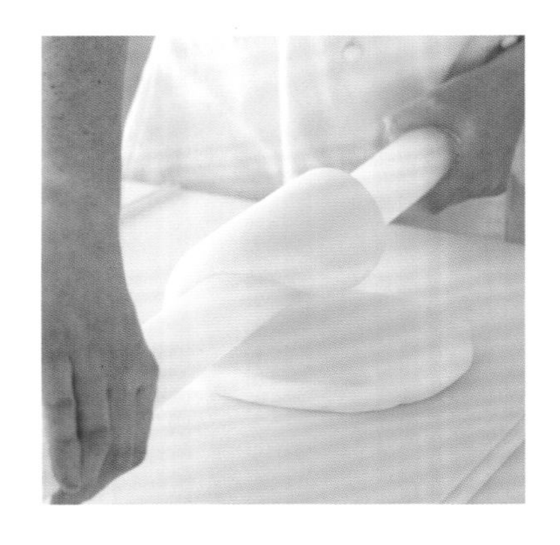

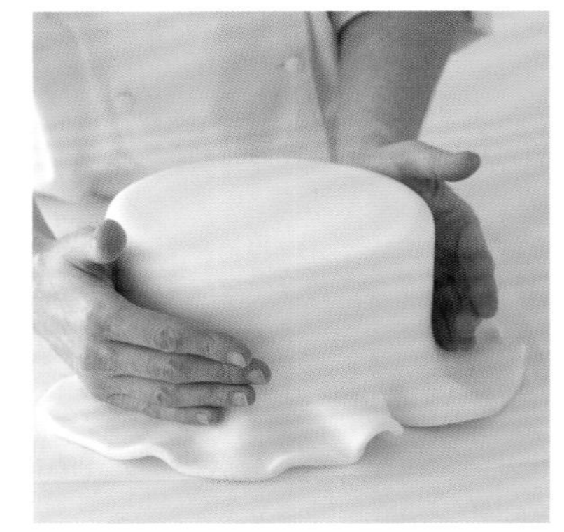

不同尺寸的蛋糕所需翻糖的用量

注意：方形或者八角形蛋糕需要稍多量的糖皮

蛋糕尺寸（厚度9厘米/3.5英寸）	15厘米（6英寸）	18厘米（7英寸）	20厘米（8英寸）	23厘米（9英寸）	25厘米（10英寸）	28厘米（11英寸）
杏仁糖膏/翻糖	650克（1磅7盎司）	750克（1磅10盎司）	850克（1磅14盎司）	1千克（2磅4盎司）	1.25千克（2磅12盎司）	1.5千克（3磅5盎司）

方形或者八角形蛋糕

为方形或者八角形蛋糕覆盖糖皮的方法与圆形蛋糕相同，不过需要注意蛋糕的转角处的糖皮容易撕裂，操作时应尽量小心。用手轻轻将转角处的糖皮握成杯状，然后慢慢沿棱角向下将糖皮贴合在蛋糕表面。如果糖皮表面出现小的裂痕，可以用少许干净柔软的翻糖将裂痕遮盖，注意应在尽量短的时间内修补瑕疵，可以达到较为完美的效果。

小建议

为了做出有尖锐棱边的糖皮，可以同时使用两个糖皮抹平器以棱边为中线，在相邻两面进行操作。操作时手法要非常迅速。通常在巧克力酱抹面的蛋糕上进行操作会有较为理想的效果，因为巧克力酱抹面通常表面较为硬实。如果使用白色蛋糕，在蛋糕内部可以使用奶油奶酪做填馅，而蛋糕表面则可以使用白巧克力酱抹面，以便得到较为硬实的表面，从而达到较好的糖皮贴合效果。

为蛋糕和蛋糕底盘装饰缎带

首先测量出装饰蛋糕底端一周所需的缎带长度，并且在缎带接口处多留出1厘米（3/8英寸）的长度重叠粘合。用一把剪刀将所需长度的缎带剪出。接着在缎带两端的同一面都贴上双面胶。将缎带一端直接粘贴在糖皮所需要的位置上，然后绕蛋糕一圈，将缎带的另一端与缎带的起始部分重合后粘贴在一起。在用缎带装饰方形蛋糕时，可以将双面胶带放置在四个转角位置以及每边的中间部分，以便可以更好的固定缎带。

在用缎带为蛋糕底盘做装饰时，为达到专业的装饰效果，缎带颜色的选用通常与底盘颜色相近色或者与底盘颜色互为互补色。蛋糕底盘的装饰缎带通常宽度为1.5厘米（5/8英寸）。将缎带缠绕在蛋糕底盘上，并用双面胶带以一定的间隔固定缎带。

为蛋糕底盘贴合糖皮

为蛋糕底盘表面装饰一层糖皮可以为整个蛋糕作品带来整洁、专业的装饰效果。

1. 用少许水将蛋糕底盘弄湿。取适量翻糖擀成厚度为4毫米（1/8英寸）的薄片，推荐使用糖皮或者杏仁蛋白糖膏刮平器来控制糖皮的厚度。将蛋糕底盘放置在蛋糕裱花转台上或者工作台的边缘部分。用擀棒将擀好的糖皮挑起，放在蛋糕底盘上，使糖皮从蛋糕底盘的周边自然垂下。

2. 用糖皮抹平器以自上而下的手法沿着底盘边缘将多余的糖皮切除，并且做出一个光滑的糖皮切边。进一步切去多余的糖皮。接着用糖皮抹平器在底盘糖皮表面以画圆的手法将糖皮表面抹平，做出光滑平整的糖皮表面。将蛋糕底盘放置过夜至糖皮彻底晾干。

不同尺寸蛋糕底盘糖皮的用量

蛋糕底盘尺寸	23厘米（9英寸）	25厘米（10英寸）	28厘米（11英寸）	30厘米（12英寸）	33厘米（13英寸）	35.5厘米（14英寸）
翻糖用量	600克（1磅5盎司）	650克（1磅7盎司）	725克（1磅9.5盎司）	850克（1磅14盎司）	1千克（2磅4盎司）	1.2千克（2磅10.5盎司）

翻糖糊挤花技巧

通常在多层蛋糕叠放好之后，上下层蛋糕之间会出现小缝隙，这时可以用蛋白糖霜作为填补剂来填平缝隙。注意应将蛋白糖霜做适当的调色，以便可以跟蛋糕外观颜色统一。或者可以使用翻糖糊来填补缝隙。

翻糖糊是将翻糖中加入适量的水，使之成为具有一定黏稠度的糊状翻糖。做好的翻糖糊可以像蛋白糖霜一样装入裱花袋中，通过挤花的方式将所需填补的缝隙填平。挤花后可以用手指或者湿的小画笔将挤出多余的翻糖糊去除，做出较为平整的接缝。翻糖糊还可以用来遮盖小压痕、小空隙和小针眼等糖皮表面的瑕疵。注意应在蛋糕表面的糖皮彻底干燥后，再用翻糖糊进行修补。推荐将装饰糖皮的蛋糕静置过夜后的第二天再进行修补操作。

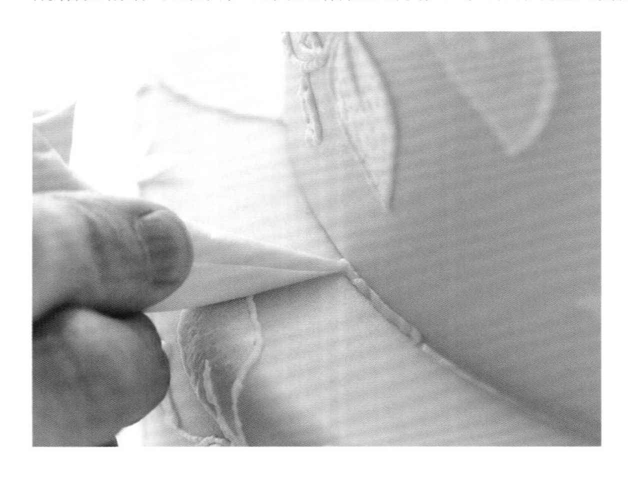

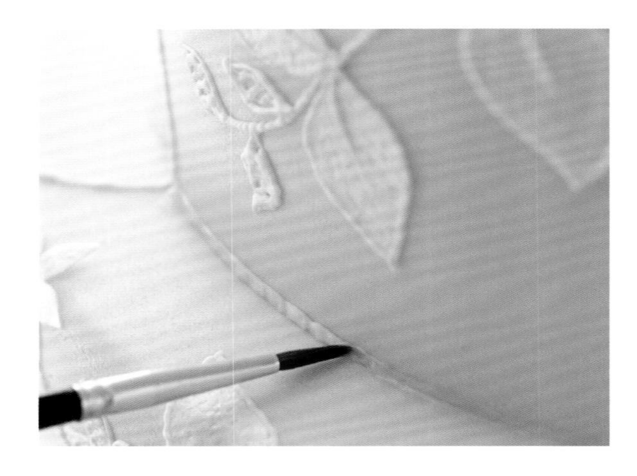

多层蛋糕的组合

将蛋糕组合成多层蛋糕的操作简单易行，不过需要掌握正确的操作步骤，以确保组合好的多层蛋糕足够稳定和结实。推荐使用中空塑料棒作为蛋糕的支撑棒，因为塑料棒较为结实，而且易于剪切成所需要的长度。小薄塑料棒或者大号吸管非常适合小号蛋糕的组合。下表列出了不同尺寸的蛋糕所需的小支撑棒的数量。

原料

- ✤ 糖皮装饰的蛋糕底盘（参见P114“为蛋糕底盘贴合糖皮”）
- ✤ 硬性打发的蛋白糖霜（参见P120“蛋白糖霜配方”）

工具

- ✤ 蛋糕顶部标记模板
- ✤ 针状划线器或者记号工具
- ✤ 中空塑料小棒
- ✤ 可食用画笔
- ✤ 大号锯齿刀
- ✤ 备用蛋糕底盘
- ✤ 水平仪
- ✤ 糖皮抹平器

1. 使用蛋糕顶部标记模板找出底层蛋糕的中心。

2. 用针状划线器或者记号工具在蛋糕表面做出记号，标出蛋糕支撑棒放置的位置。在标注记号时应考虑到上层蛋糕的放置位置。取一根塑料小棒按记号放入蛋糕中，用食用画笔在塑料棒上标出蛋糕表面的位置以确定塑料棒所需要的长度。

3. 将塑料棒取出，用一把大号锯齿刀在记号处将塑料棒切断。按照切出的塑料棒长度将另外所需的塑料棒切出，并按照蛋糕上所做的记号将塑料棒放入蛋糕里。取一个蛋糕底盘放在蛋糕顶端，用水平仪检测蛋糕内的塑料棒的长度是否相等，以及蛋糕表面是否水平。

4. 将底层蛋糕用少许硬性打发的蛋白糖霜固定在蛋糕底盘正中的位置上。根据需要可以借助糖皮抹平器的帮助将蛋糕放置在所需的位置上。底层蛋糕放置几分钟后再放置上层蛋糕。按照同样的方法将第三层蛋糕放在所需要的位置上。

不同尺寸的蛋糕所需塑料支撑棒的数量

蛋糕尺寸	15厘米（6英寸）	20厘米（8英寸）	25厘米（10英寸）
塑料棒的数量	3~4	3~4	4~5

迷你蛋糕

迷你蛋糕是小号的圆形或者方形蛋糕，制作时需要从一块大的方形蛋糕上切下所需尺寸的小蛋糕，然后再层叠放置。迷你蛋糕的填馅和抹面方法与普通大蛋糕的操作方法相同。通常所需要的迷你蛋糕的数量和尺寸决定了大号方形蛋糕的制作规格。不过考虑到在制作过程中可能出现的损耗，最好使用比所需量更大的方形蛋糕来制作迷你蛋糕。如果需要制作9个尺寸为5厘米（2英寸）的方形迷你蛋糕，则需要准备1个尺寸为18厘米（7英寸）的方形大蛋糕。制作时可以参考“蛋糕配方”章节中的原料用量来制作大号蛋糕。考虑到迷你蛋糕的厚度较小，在制作大号蛋糕时可以将原料使用量减少1/3，做出一个较薄的方形大蛋糕即可。将所有混合好的原料倒入一个大的蛋糕模具中进行烘焙。由于需要使用一个大号的蛋糕来制作迷你蛋糕，所以此处不采用两个模具烘焙法进行制作。

原料

- 大尺寸方形经典海绵蛋糕
- 糖浆（参见P108“蛋糕的填馅和抹面”）
- 奶油奶酪酱或者巧克力酱（参见P108“蛋糕的填馅和抹面”）
- 翻糖

工具

- 蛋糕分层切割器
- 圆形切模或者锯齿刀
- 软毛刷
- 蛋糕用卡纸（可选）
- 蛋糕抹刀
- 大号防粘擀棒
- 带防滑垫的大号防粘擀板
- 金属尺
- 大号锋利刀具
- 大号圆形切模或者小号锋利刀具
- 2把糖皮抹平器

微型圆蛋糕的制作

1. 用蛋糕分层切割器将大尺寸的方形蛋糕切成表面平整的两片较薄的方形蛋糕片。用圆形切模在方形蛋糕上切出微型圆蛋糕。

2. 在每个微型蛋糕的表面涂刷一层糖浆后，取两个微型蛋糕在上下重叠摆放在一起，并且在两层蛋糕中间涂抹奶油奶酪酱（根据需要，可以在夹层中再放入果酱和蜜饯）；如果是巧克力风味的微型蛋糕，可以使用巧克力酱代替奶油奶酪酱涂抹在蛋糕夹层中。建议在底层蛋糕下面垫一层同样大小的蛋糕卡纸，并将底层蛋糕用奶油奶酪酱或者巧克力酱固定在卡纸上，这样便于操作。接下来迅速将每组微型蛋糕的侧

面用奶油奶酪酱或者巧克力酱进行抹面。最后将蛋糕顶面抹平即可。将蛋糕放置在冰箱中至少20分钟直至蛋糕表面变得硬实。

3. 取适量的翻糖，在带有防滑垫的防粘擀板上用防粘擀棒将翻糖擀成1个38厘米（15英寸）左右、厚度为5毫米（1/4英寸）的方形薄片。将翻糖片切出9个小的方形薄片，并将小方形翻糖薄片覆盖在做好的微型蛋糕表面。初学者可以先使用一半的糖皮进行操作，将另一半糖皮放在密封塑料袋中暂存，以防糖皮变干。

4. 用手将糖皮自上而下的贴合在蛋糕表面，并用一个大号的圆形切模将蛋糕底端多余的糖皮切除。

5. 接下来用两个糖皮抹平器在蛋糕两侧前后移动，同时转动蛋糕将糖皮表面抹平。将蛋糕静置晾干，最好放置过夜，以确保糖皮完全变干后可以进行接下来的蛋糕装饰。

小建议

海绵蛋糕的温度越低就越容易进行抹面和覆盖糖皮的操作，温度较低的海绵蛋糕质地会变得较为硬实。

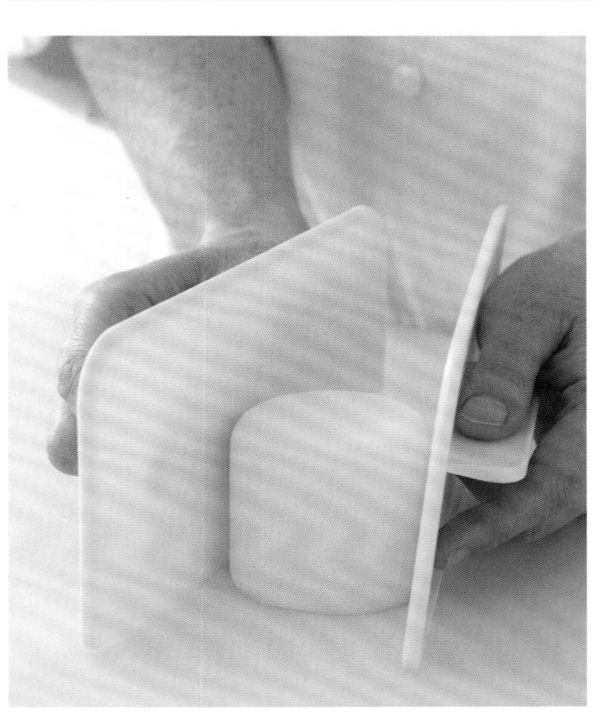

微型方蛋糕的制作

微型方蛋糕的制作与圆形蛋糕的制作相似，因此可以参考圆形蛋糕的制作步骤。制作时使用一把锯齿刀切出方形蛋糕，并且使用锋利的小刀将蛋糕周围多余的糖皮切掉。最后使用糖皮抹平器轮流在方形蛋糕相对的两个侧面进行操作，将四个侧面和顶面的糖皮抹平即可。

杯子蛋糕的烘焙

本书中杯子蛋糕的烘焙方法和配方与经典海绵蛋糕相同。按照经典海绵蛋糕中13厘米（5英寸）的圆形蛋糕或者10厘米（4英寸）的方形蛋糕的配方，可以做出10～12个杯子蛋糕。

烘焙时将蛋糕纸托放入小圆蛋糕烤模中，也可以使用马芬蛋糕模。将搅拌好的面糊倒入模具中，分量大约为模具的2/3～3/4满。烤箱先预热到180℃/350℉/燃气烤箱4档，预热后放入蛋糕糊，烘焙时间大约为20分钟。烤好的蛋糕质地非常有弹性。

推荐使用素箔杯子蛋糕烤模，烤模可选的颜色较多，并且素箔烤模可以保持蛋糕的新鲜度，同时简单的外观可以保证杯子蛋糕的装饰效果。不过也可以使用素色或者带有图案的纸模，带有特定图案和装饰的纸模蛋糕适合使用简单的装饰风格。

翻糖杯子蛋糕

翻糖杯子蛋糕制作起来即快捷又简单。制作时用一个大小合适的圆形切模切出一片圆形翻糖片，将翻糖片盖在杯子蛋糕顶端。选用表面稍带有弧度且平滑的杯子蛋糕，可根据需要对蛋糕稍作修整。

1. 用蛋糕抹刀在杯子蛋糕的表面涂抹一薄层奶油奶酪酱或者巧克力酱，做出一层圆滑、平整的抹面，以便于固定糖皮。

2. 取适量翻糖擀成薄片，用一个比杯子蛋糕顶面稍大的圆形切模切出所需的翻糖片。可以一次切出9片翻糖片，将暂时不用的翻糖片放置在密封袋或保鲜膜中保存。每次取1片翻糖片放在杯子蛋糕顶端，用手掌轻按，将翻糖片的边缘完全盖住蛋糕表面。

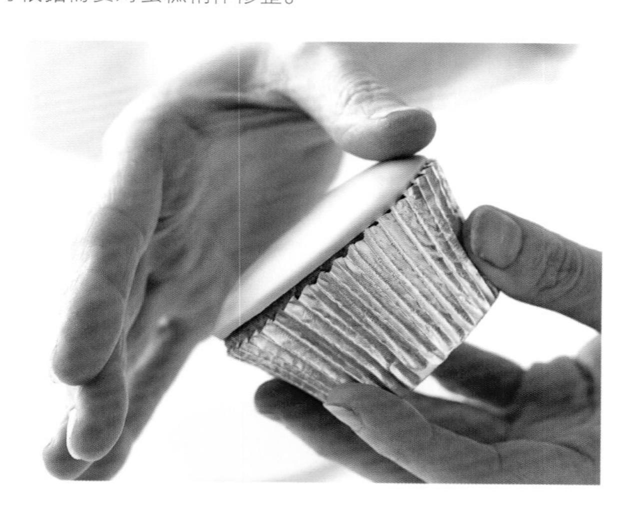

饼干的烘焙

饼干的制作有相当大的创意空间，制作时可以根据需要使用不同的切模做出不同形状的作品；同时饼干的装饰方法和效果也多种多样，完全可以满足不同场合的需要。饼干也是一种可以供孩子参与的理想的手工制作活动，制作过程充满了乐趣。饼干便于储存，因此可以在使用之前提前做出，方便随时取用。

饼干的保质期

制作饼干的面团可以常温储存几天，或者将面团储存在冰箱中，使用时提前拿出恢复常温即可。烘焙好的饼干可以最多储存1个月。

原料

- 250克（9盎司）无盐黄油
- 250克（9盎司）细砂糖（超细）
- 1～2个中型鸡蛋
- 5毫升（1茶匙）香草精
- 500克（1磅2盎司）中筋粉，另取少许做防粘面粉

工具

- 大号电动搅拌器
- 橡皮刮刀
- 深托盘或者塑料容器
- 擀棒
- 饼干切模或者模板
- 锋利的小刀（与饼干模板配套使用）
- 烤盘，表面放一层防油纸或者烘焙纸

1. 将黄油和细砂糖放入搅拌盆中，用电动搅拌器将黄油和细砂糖充分搅打至顺滑、蓬松状态。

2. 将鸡蛋和香草精加入混合物中，用搅拌器继续搅拌至均匀。

3. 将面粉分两次筛入搅拌盆中，用橡皮刮刀轻轻搅拌均匀。注意不可过度搅拌。

4. 将混合好的面团放入铺有保鲜膜的烤盘或容器中，压紧后用保鲜膜盖好，放入冰箱硬化至少30分钟。

5. 在操作台上撒少许面粉以防粘连，将饼干面团擀成厚度为4毫米（1/8英寸）的薄片。擀制时可以在面团表面撒少许干面粉以防止粘连。不过干面粉的用量要尽量少，否则做出的饼干会变得很干。

6. 用饼干切模或者使用模板和小刀在饼干薄片上切出所需形状的饼干。将切好的饼干放在铺有防油纸（烘焙纸）的烤盘中，再入冰箱放置至少30分钟。同时将烤箱预热至180℃/350℉/燃气4档。

7. 将烤盘放入烤箱，烘烤时间取决于饼干的大小，通常大约为10分钟。也可以烤到饼干表面变至金棕色即可。将饼干放凉后放入密闭容器储存。

其他风味的饼干

巧克力味 将原料中的50克（1.75盎司）面粉用可可粉（无糖可可粉）代替。

柑橘味 将原料中的香草精用磨成细蓉状的柠檬皮蓉或者橙皮蓉代替。

杏仁味 将原料中的香草精用5毫升（1茶匙）杏仁香精代替。

蛋糕和饼干的几种装饰技巧

蛋白糖霜配方

蛋白糖霜是一种多用途的材料，可以用来做蛋糕和饼干的装饰糖衣，也可以作为挤花材料挤出复杂的装饰图案，还可以作为黏合剂使用。因此学会掌握正确的使用蛋白糖霜的方法是整个蛋糕装饰环节中最重要的内容之一。

为了达到最好的使用效果，应尽量在蛋白糖霜刚做好后就使用。将蛋白糖霜放入密闭容器中最多可以存放5天。如果蛋白糖霜因放置不够新鲜时，可以在使用前再次将蛋白糖霜进行搅打，得到所需的黏稠度后再使用即可。

原料

- 2个中等大小的鸡蛋蛋白或者15克（1/2盎司）蛋白粉与75毫升（5汤匙）水混合均匀
- 500克（1磅2盎司）糖粉

工具

- 大号电动搅拌器
- 糖粉筛
- 橡皮刮刀

1. 如果使用蛋白粉，应事先将蛋白粉与水充分混合放置至少30分钟，最好将混合液放置在冰箱中过夜。

2. 将糖粉筛入搅拌盆中，加入蛋白或者蛋白粉混合液。

3. 将糖粉蛋白混合物用电动搅拌器低速搅打3～4分钟，至蛋白糖霜呈干性打发状态。干性打发的蛋白糖霜可用于蛋糕表面装饰物的固定以及蛋糕之间的粘合。

4. 将做好的蛋白糖霜表面盖一层潮湿干净的布，放在密闭容器中保存以防变干。

蛋白糖霜的湿性打发

使用蛋白糖霜进行挤花时，为了方便操作，可以在干性打发的蛋白糖霜中加入少量的水搅打将蛋白糖霜稍作软化。判断蛋白糖霜的湿性打发状态，可以在搅打后将蛋白糖霜提起，蛋白糖霜会呈现出小尖峰，并且小尖峰会在较短时间内变软塌陷。

挤花袋的制作

1. 用1张大的方形防油纸或者烘焙纸剪出2个相等的三角形。通常情况下，1张15～20厘米（6～8英寸）的方形烘焙纸可以做出小号裱花袋，1张30～35.5厘米（12～14英寸）的方形烘焙纸可以做出大号裱花袋。

2. 如果是习惯使用右手操作，将三角形顶端朝向自己，最长边放在最远处。从右侧顶点向内卷起，使得右顶点与顶点重合。调整右手的位置，用右手拇指和食指捏住顶点重合位置。

3. 左手将左侧顶点向内卷起，由左向右从前面绕过，至到后侧两个重合顶点的中间位置。调整手的位置，用拇指和食指将三个顶点捏合在一起。用拇指和食指前后移动轻搓纸片，进一步整理并收紧圆锥形纸筒裱花袋，在圆锥底部做出一个尖角。

4. 仔细地将裱花袋后侧部分（三个顶点重合处）向内折叠并用力将折叠部分压紧。重复按压尽量将折叠做牢固。在进行蛋糕装饰步骤时，可以一次多做出几个裱花袋备用。

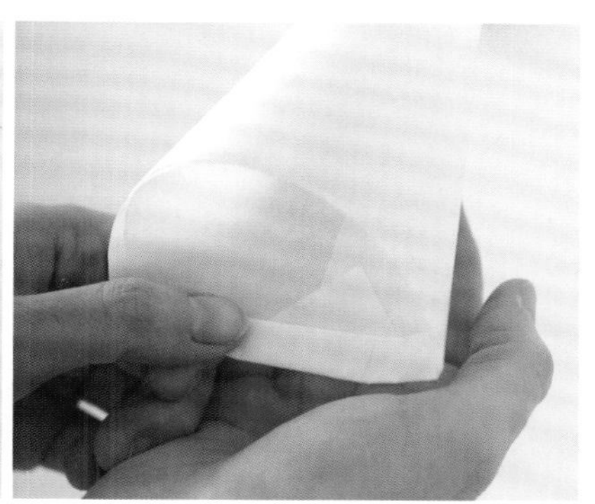

蛋白糖霜的挤花技巧

采用挤花的方式装饰蛋糕时，通常使用湿性打发的蛋白糖霜（参见P120“蛋白糖霜配方”）。裱花嘴的尺寸取决于具体的装饰内容以及操作者的熟练程度。

将蛋白糖霜装入裱花袋中不超过1/3满的量。接下来把裱花袋的顶端向下折叠几次，使得袋中的蛋白糖霜非常紧实，袋子也非常牢固。注意掌握裱花袋正确的拿握方法，使用食指控制裱花袋。也可以根据需要用双手来进行操作。

圆点装饰的挤出 慢慢挤出蛋白糖霜做出一个圆点状，挤出所需大小的圆点。然后停止挤出操作，将裱花袋轻轻提起即可。如果挤出的圆点上有小尖峰，用湿的小画笔轻拍进行修补。

泪滴形状装饰的挤出 首先挤出一个圆点，然后向外轻拉裱花袋，同时减轻挤花力度并向上提起裱花袋，同时停止挤花操作。在挤出细长的泪滴形状和螺旋形状时，将挤出的圆形小球从一侧向另一侧做牵引画圆弧，做出螺旋或者卷轴形状。可以加大挤花力度和蛋白糖霜的挤出量做出更大的螺旋形状。挤花时，可以将裱花嘴尽量贴近装饰表面进行挤花操作，这种操作方法也叫“刮蹭挤花法”。

线条的挤出 将裱花嘴垂直向下，裱花袋朝上平稳的向前移动，轻轻捏合裱花袋。当挤出的线条达到所需的长度后，慢慢停止捏合裱花袋，并将裱花袋向后慢慢提起。注意避免将蛋白糖霜拖出，以免影响挤出线条表面的光滑度。采用模板挤花或者挤出饼干的轮廓线时，均可以使用线条挤出法进行操作。

蜗牛花边的挤出 挤出一个较大的圆点并且向外拖拉裱花嘴，做出一个泪滴形状。重复操作，在蛋糕周边做出一圈蜗牛形花边装饰。

蛋白糖霜饼干的制作

本书介绍的制作方法是作者非常喜欢采用的饼干制作方法，做出的饼干表面是松脆的蛋白糖霜，下层是质地较松软的饼干。这种蛋白糖霜饼干因上下两种不同的质地，带来了不同的味觉碰撞。如果需要制作的饼干数量较多，使用带有一个小尖嘴的可挤压塑料瓶代替裱花袋，可以使制作更加便捷。

原料

- 湿性打发的蛋白糖霜（参见P120“蛋白糖霜配方”）

工具

- 小号和大号裱花袋（参见P120“挤花袋的制作”）
- 1号和1.5号裱花嘴（尖头）

1. 将1.5号裱花嘴装在小号裱花袋上，并在裱花袋中装入湿性打发的蛋白糖霜。沿着每片饼干的四周挤出轮廓线，或者在所需要的装饰的位置挤出蛋白糖霜做装饰。

2. 取适量蛋白糖霜用水稍作稀释，使蛋白糖霜的稠度变为可流动状（可以将稀释后的蛋白糖霜用勺子盛起后，向下滴落回容器中。如果滴下的蛋白糖霜可以保持其形状5秒即可）。将蛋白糖霜装入一个大号的裱花袋中，使用1号裱花嘴在饼干糖霜轮廓内挤出蛋白糖霜。在装饰面积较大的饼干时，可以不使用裱花嘴，直接将裱花袋的底端剪出合适的小口后进行挤花操作。需要挤花的面积较大时，为保证挤出的蛋白糖霜表面光滑平整，可以沿着四周轮廓线由外向内进行挤出操作，直至中心位置。待饼干表面蛋白糖霜彻底晾干后，可以用挤花法进行细节装饰，并且按照需要将装饰图案粘贴在蛋白糖霜表面。

食用胶的制作

食用胶可以用来把干佩斯等装饰物粘贴在一起，并粘贴在蛋糕等的表面上。食用胶的制作方法较为简单，只需要将4毫升（1.5盎司）冷开水倒入0.8毫升（1/16茶匙）食品添加剂中。然后将混合物搅拌并静置10～20分钟即可。也可以根据实际情况进行调整，增加食品添加剂的使用量可以得到较稠的食用胶，而增加冷水的使用量可以稀释食用胶。

翻糖饼干的制作

使用翻糖可以在较短时间内做出非常专业漂亮整齐的翻糖饼干。制作时只需要将翻糖擀成不超过3毫米（1/8英寸）的薄片，然后用切模或者模板切出与饼干大小形状相同的翻糖片。将杏子果酱或者其他浓缩果酱煮沸冷却后涂抹在饼干表面可作做为黏合剂，用来粘贴饼干和切好的翻糖片。注意操作时避免将翻糖片拉扯或者扭曲导致其变形。

模板

以下为本书中使用的模板，大小均为实际所需尺寸的50%，可以根据需要复印放大至200%使用，也可以在以下网站上下载打印全尺寸的模板使用：http://ideas.stitchcraftcreate.co.uk//patterns

精致的碟巾蕾丝艺术风格

花瓣

爱之设计

花朵

叶片

汉娜雏菊蕾丝风格

基础的雏菊蕾丝设计模板

注解：制作蕾丝时应根据蛋糕的实际周长来调整蕾丝的长短尺寸

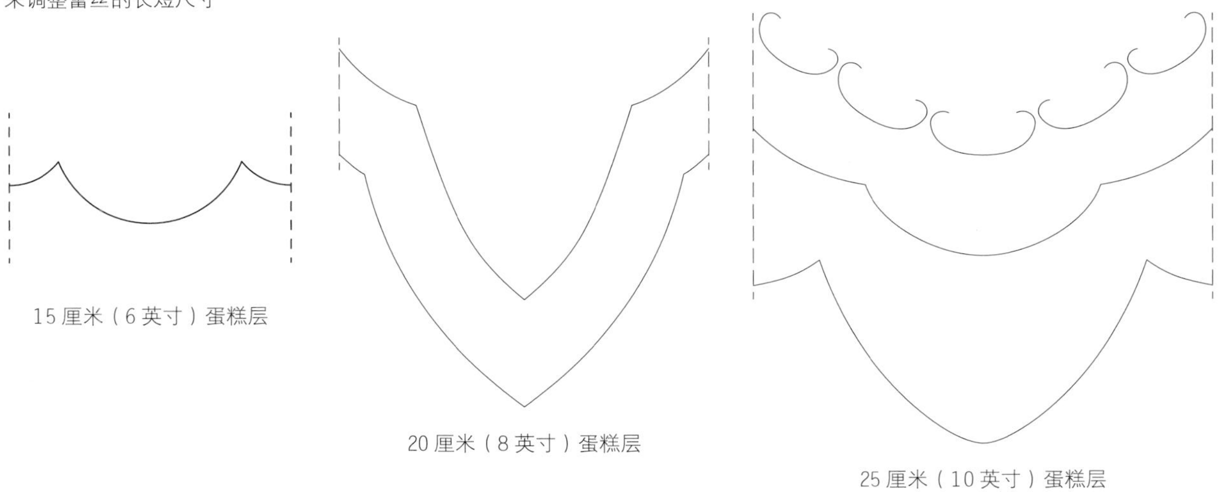

15 厘米（6 英寸）蛋糕层

20 厘米（8 英寸）蛋糕层

25 厘米（10 英寸）蛋糕层

别致的花卉刺绣风格
蕾丝设计模板

现代粗线蕾丝风格

粗线蕾丝设计模板

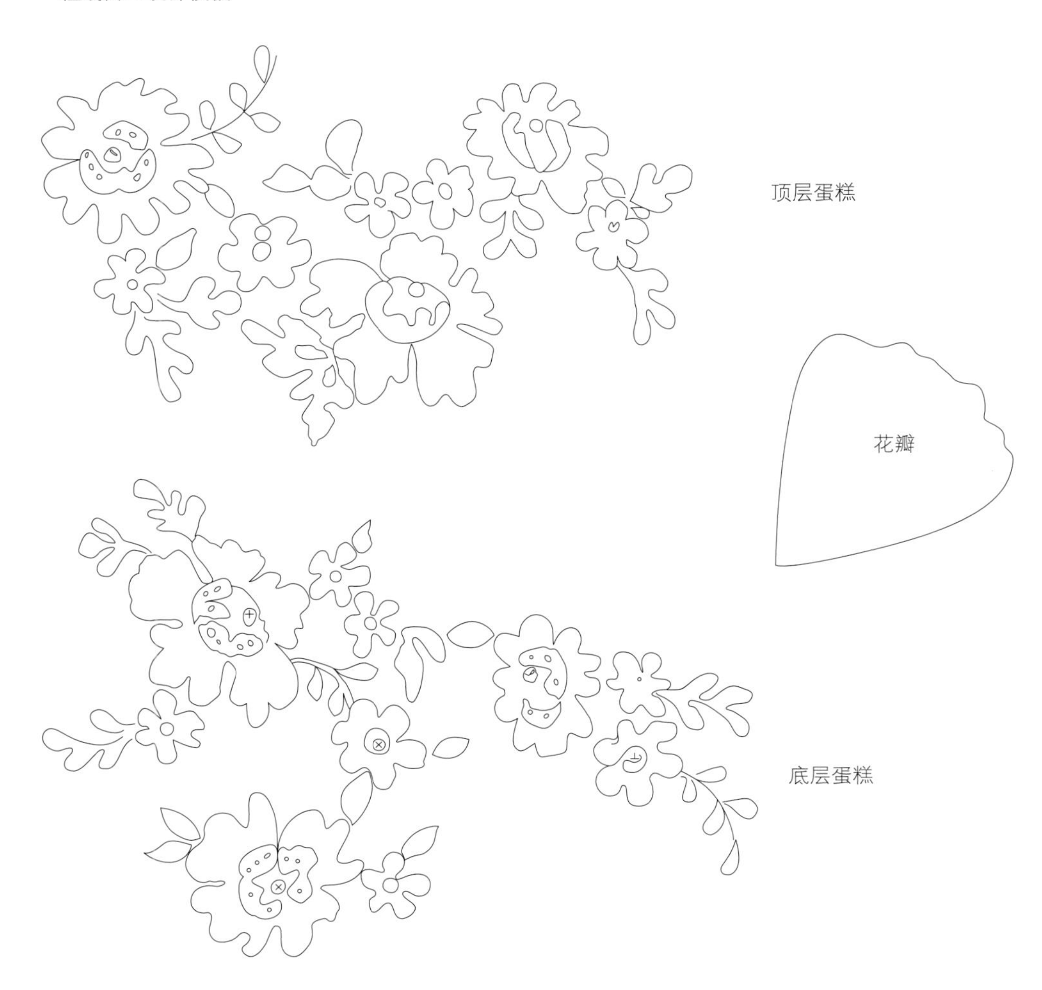

蛋白糖霜蝴蝶花园风格

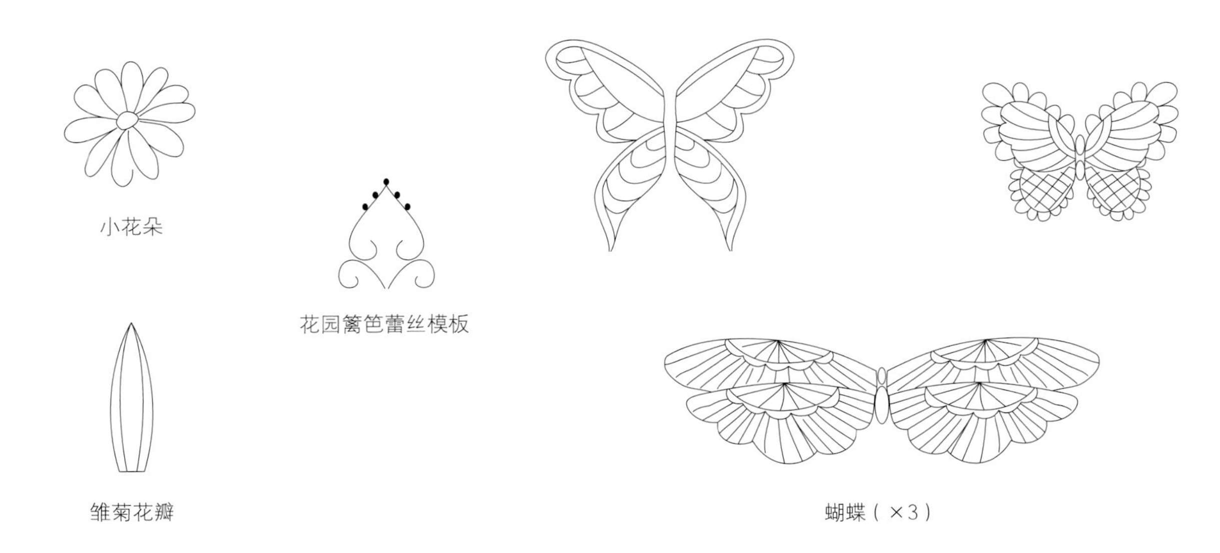

关于作者

在从英国巴斯大学毕业并取得了外国语学位后，佐伊决定遵循自己内心的激情，在蛋糕装饰的世界里走出一条将艺术与美食完美结合的独特的道路。2010年，佐伊在伦敦的西南部开了一家名为Cake Parlour的蛋糕店，专门从事定制蛋糕和糖果的设计和制作。她所制作的蛋糕经常出现在各种婚礼和全球的糖果艺术展中，也经常被电影和电视节目所采用。2011年佐伊为Fortnum and Mason公司设计了一系列蛋糕，其中也包括了为女王设计制作的钻石婚庆典蛋糕。

佐伊目前已经出版了各种关于蛋糕装饰的畅销书，从《独一无二的婚礼蛋糕》到前不久的出版的《非常完美的儿童聚会蛋糕》。除此之外，佐伊还通过亲手制作、亲自面授、举办大型展示活动以及通过网络平台Craftsy等途径将专业的制作装饰技巧和相关知识传授给全球各地众多的学员和业余爱好者。

作者鸣谢

再次感谢Mark Scott先生带来的完美图片和在整个拍摄过程中付出的极大耐心——整个拍摄过程是辛苦又忙碌的。还要感谢本书编辑Beth Dymond，以及感谢家人的支持。此外要非常感谢我最喜爱的婚礼场地提供者之一Fetcham Park公司（fetchampark.co.uk），提供了拍摄蛋糕的完美的室内场景，所有场景都非常漂亮。最后，我想感谢所有我的学生、蛋糕制作爱好者和广大读者，感谢你们一直以来的热情、鼓励、无私的帮助和支持。你们都是最棒的，也是我不断前行的动力。

供应商

英国

Zoe Clark Cakes
www.zoeclakcakes.com
电话：020 8947 4424

Squires Kitchen
www.squires-shop.com
电话：0845 61 71 810

The Cake Decorating Company
www.thecakedecorating company.co.uk
电话：01 15 969 9800

美国

Decorate the Cake
www.decoratethecake.com
电话：1-91-382-6653

Global Sugar Art
www.globalsugarart.com
电话：1-518-561-3039

澳大利亚

Cakes Around Town
www.cakesaroundtown.com.cn
电话：07 3160 8728

Couture Cakes
www.couturecakes.com.au
电话：02 8764 3668

图书在版编目（CIP）数据

翻糖蕾丝蛋糕 /（英）佐伊·克拉克著；朱迪译.
--北京：中国纺织出版社，2017.3
书名原文：Elegant Lace Cakes
ISBN 978-7-5180-3287-7

Ⅰ.①翻… Ⅱ.①佐… ②朱… Ⅲ.①蛋糕—制作
Ⅳ.①TS213.23

中国版本图书馆CIP数据核字（2017）第025636号

原文书名：Elegant Lace Cakes
原作者名：ZOE CLARK

著作权合同登记号：01-2016-2765

责任编辑：韩　婧　　责任印制：王艳丽

中国纺织出版社出版发行
地址：北京市朝阳区百子湾东里A407号楼　邮政编码：100124
销售电话：010—67004422　传真：010—87155801
http://www.c-textilep.com
E-mail:faxing@c-textilep.com
中国纺织出版社天猫旗舰店
官方微博http://weibo.com/2119887771
北京华联印刷有限公司印刷　各地新华书店经销
2017年3月第1版第1次印刷
开本：889×1194　1/16　印张：8
字数：168千字　定价：68.00元

凡购本书，如有缺页、倒页、脱页，由本社图书营销中心调换